U0474033

最好的爱都写在童话里

简白 著

时代文艺出版社

图书在版编目（CIP）数据

最好的爱都写在童话里 / 简白著. —长春：时代文艺出版社，2016.12
ISBN 978-7-5387-5273-1
Ⅰ.①最… Ⅱ.①简… Ⅲ.①情感—通俗读物 Ⅳ.①B842.6-49
中国版本图书馆CIP数据核字（2016）第174645号

出 品 人	陈 琛
产品总监	郭力家
出版监制	刘 峰
策 划	吕中师
责任编辑	方 伟
助理编辑	佟冰融
装帧设计	门乃婷工作室
排版制作	上海品亮文化

本书著作权、版式和装帧设计受国际版权公约和中华人民共和国著作权法保护
本书所有文字、图片和示意图等专有使用权为时代文艺出版社所有
未事先获得时代文艺出版社许可
本书的任何部分不得以图表、电子、影印、缩拍、录音和其他任何手段
进行复制和转载，违者必究

最好的爱都写在童话里

简白 著

出版发行 / 时代文艺出版社
地址 / 长春市泰来街1825号 时代文艺出版社 邮编 / 130011
总编办 / 0431-86012927 发行部 / 0431-86012957 北京开发部 / 010-63108163
官方微博 / weibo.com / tlapress 天猫旗舰店 / sdwycbsgf.tmall.com
印刷 / 三河市万龙印装有限公司
开本 / 880mm×1230mm 1/32 字数 / 164千字 印张 / 9
版次 / 2016年12月第1版 印次 / 2016年12月第1次印刷 定价 / 36.00元

图书如有印装错误 请寄回印厂调换

目录

001_ 米先生与米太太

015_ 灰鸟先生的爱情

026_ 冰箱物语

034_ 配角

042_ 第366首情诗

050_ 爱比你知道的多

065_ 被嫌弃的蛋糕

082_ 邮递员之死

099_ 猫

111_ 预知死亡

128_ 好在还能看见你

138_ 木偶麦克

156_ 在垃圾场

173_ 黑熊 bingo

196_ 我的男友不是人

219_ 漂亮的丑小鸭

233_ 变成泡沫的王子

242_ 贝吉熊小姐

256_ 杀兽

261_ 与一只不爱的龟过一生

我问神明，从前那段洁白的时光

是否已经一去不返

神明说，不，它只是被遗落在一个遥远的地方

在森林深处，大海中央

在厚厚的松针下，皑皑的雪山中

如果你想将它找回，请你扬帆起航

不要畏惧前路遥远，不要畏惧旅途艰险

米先生与米太太

我住在一套上了年纪的老房子里,它坐落在小溪边,太阳出来的时候,房子里既不太热,也不太凉。我对这套房子大体满意,除了客厅中央那台欧式雕花的旧钢琴,倒不是因为它难看,事实上它很美,格调和房里的一切都那么契合,只是它常常自己发出声音。有时候是乐章的某一小节,有时候是几个混乱的音符,我请修琴师看过好多次,却检查不出任何毛病。

"钢琴是不会无缘无故发出声响的,除非有人在弹奏它!"修琴师傅告诉我。

我将信将疑,留心起来,果然在房子里发现了许多可疑的痕迹：琴凳上忽然闪过的黑影，一些踪迹不明的污渍与脚印……

我不清楚弹琴的到底是怎样一个人，但好奇促使我下定决心逮住他。

一天夜里，琴声再次传来，我蹑手蹑脚起了身。

穿过长长的走廊，来到客厅。出乎意料的是，琴凳上坐着的并不是什么人，而是一只上了年纪的雌性家鼠，她看起来比这座房子还要老，只见脸上皱纹纵横，弹出的调子，磕磕巴巴，每弹一个音符都要想很久。

与普通家鼠不同的是，她并不怕我。

"嗨，"我同她打了一个招呼，"你在做什么？"

"演奏！"她一本正经地回答。

我并不精通钢琴，但我仍旧听得出，这只雌性家鼠弹得不怎么动人，甚至称不上是一首乐曲。

我正要打断她，顶盖上的雄鼠投来恳求的目光，他的眼神里充满了坚定的爱意，不难猜到弹琴的那位是他的爱人。

"好心的姑娘，请不要指责，让她多弹一会儿，我们很快就会离开。"雄鼠望着我。

我有些不明所以，但心肠仍旧软下来，没有再说什么，静静地站在一旁。钟声敲响十二下，两人搀扶着同我告别。第二天，又如约出现。接下来是第三天，第四天……每天都如此。

我渐渐知道了他们的称呼——米先生和米太太。

极偶尔的时候，米太太手下能冒出一些名乐章的片段，比如《贝多芬第九交响曲》，比如《平均律》。这让我怀疑她的钢琴水平并没有展现出来的那样糟糕。

"她原本是个钢琴家！"米先生似乎看出了我的疑惑。

"后来呢？"

米先生耸耸肩，大概不想重拾回忆，我也没有再问。

夜半的"演奏"依旧每天准时响起，准时结束。

我会在桌上放置一些食物招待他们，有时候陪他们听上一段钢琴曲。

我几乎习惯了这样的生活，一到夜幕降临，就坐在沙发上等待，直到有一天，钟声敲了十二下，他们仍然没有出现。然后是第二天，第三天。我四处寻找，最后在房子的阁楼上发现了他们的住处，他们静静地相拥躺在一起。我这才想起来，对于老鼠而言，这已经是一个可以长眠的年纪了。

米先生的床头摆着一本日记，是摊开的，扉页上写：我想把这个故事讲给好心的姑娘。

我一页一页地翻下去。

在老鼠的世界里，一切都不一样，生存是一件首要考虑的事。一个钢琴家的收入抵不过一个窃者,我太太是一个钢琴家,而我是一个窃者。

在还没有同她结婚之前,我就疯狂地喜欢着她了。如果你喜欢一个人,你就想时时刻刻看见她,想要走进她的世界了解她。

我总是假装不经意地出现在她常出现的地方,期待一场看似自然的偶遇,我驻足在她家楼下,长时间地凝听那些从她手指间传出的美丽音符。她的容貌和才华,她的品位和姿态,无不令我着迷。我甚至想,这世上大概再没有这么聪明这么可爱的老鼠了。

终于有一天,我决定不再犹豫,从人类的住所里偷了一小块儿饼干作为礼物,鼓起勇气敲开了她的房门。

"嗨!"我和她打招呼,"我可以进去吗?"

她做了一个请便的手势。

我小心翼翼走进去,环顾四周,惊讶地发现她的住所没有想象中漂亮,事实上还有一点儿寒酸。厨房的柜子里空空如也,什么食物也没有。

"我,我注意你很久了,我,我想和你做朋友!"我结结巴巴地说。

她微微一笑,目光落到了我手里的饼干上。尽管她极力克制着,但我还是看出了她的渴望。

我将饼干递给她:"送,送你的礼物!"

她当着我的面吃了起来。吃完后,眨巴着眼睛,抬头看我:"对不起,我已经好几天没有吃过饭了……如果你还想和我做朋友的话。"

我这才意识到,她的职业并不能够给她体面的生活,在老鼠的世界里,钢琴家不如窃者。

"可我还是想和你做朋友!"

我没有打退堂鼓,相反,身陷爱情,贫穷更像是一种考验,难看的吃相和嘴角残留的饼干屑都是可爱动人的。我甚至觉得她的状况激起了我的保护欲,像她这样的姑娘,怎么可以忍饥挨饿,过这种生活?某种程度上说,我比之前更着迷于她。

交谈了一会儿,我看出,她对我也是有好感的。为免显得没有节制,我恋恋不舍地起身告退了。

在那之后,我常常带东西来给她吃,有时是一点儿面包,有时是一小串葡萄。

我们很快成了好朋友,什么都谈,从人生理想到细碎的家常琐事。

两个月后,我向她求婚了。

"你愿意嫁给我吗?"我单膝跪地。

"愿意!"她没有一点儿犹豫。

那一刻,我觉得自己成了这个世界上最幸福的人。

同想象中的一样,我们度过了一段非常美好的日子。我们一起吃饭,一起睡觉,相互偎依着驱走冬天的寒冷。

她的每一首新作品,我都是第一个凝听者,我过往人生中的种种,全都说与她听。哪怕沉默也十分美妙,我们握着对方的手,感受彼此的呼吸和心跳。

唯一美中不足的是,我变得比从前更加忙碌了。我不再是个只要自己能够果腹就万事大吉的单身汉,我还得为我的太太提供衣食。

一开始我不以为意,可渐渐地,我感到疲惫。

有时候,你想给她整个世界,但真正做起来才知道有多难。

我失去了大多数的假期,失去了拜访朋友的机会,失去了从前身为单身汉拥有的轻松快乐的时光。

可即便这样,我还常常只能拿到劣等的食物,有时甚至不得不饿着肚子,而我的太太对此却很少关心,她总喜欢拿一些无关紧要的问题来问我。

"你看,亲爱的米先生,这首曲子的主旋律配上这个伴奏是不是有点儿喧宾夺主?"

又或者：

"我弄来了一些好书，你快过来看！"

哪怕我板着脸告诉她我没有弄到食物，她也会带着笑容说那有什么关系，饥饿能让我们的头脑更加明晰。

我想一定是我把她照顾得太好了，才让她的生活离生活那么遥远。这时候我就会生气，甚至希望自己是另一只老鼠，那只老鼠的太太没有那样聪明，那样有趣，可她是生活的好手。

我太累了，大多数时候一回到家就呼呼大睡，对那些和生存无关的事情表现得漠然。有一天，她怯怯地问我："米先生，你是不是不爱我了"？

我不知该怎么回答，却对这个问题本身感到恼怒。

爱是什么？爱是一味地付出吗？为什么她不能像别的老鼠那样做一名窃者？

我甚至怀疑她根本不懂得爱，她当初同意与我结婚就是为了能够衣食无忧。

我想我大概是说了很伤人的话，她沉默了很久。

"你不快乐是因为这些？"

"是的！"我回答。

她默默地转身离去，很长时间都没有回来。

我不知道她去了哪里，我在家等了许久，午夜钟声响起，她才出现在路口,双手冻得通红,捧着一块儿小得可怜的饼干。

"你去干什么了?"

"这不重要!重要的是,我给你弄来了好吃的!"

她把饼干塞进我的嘴里,讨好的样子让我有一些心酸。

"这不是我的本意!"

"不,你说得对,我应该为家庭分担一些事情!"

她认真地看着我,那个眼神让我在夜里久久不能入睡,我其实还挺怕她真的跑出去偷东西,她并不擅长做这个,说不定会被人捉住。

第二天,她出门的时候,我悄悄地在后面尾随着。

我没想到,饼干并不是她偷来的。

饭店和超市就在面前,可是她没有走进去,她来到琴行,爬上了一架钢琴,朝着几乎不存在的观众鞠了一躬。

我站在外面端详着这一切。

"如果你们喜欢我的音乐,就请给我一点儿食物吧!"她在钢琴脚下放了一个小小的碟子,投入地演奏起来。

来往的老鼠们像看怪物似的看着她。

"瞧,那不是米太太吗?"有人认出了她。

我的整张脸涨得通红,生平第一次因为另一个人而感到颜面无光。

整整两个小时,尽管她弹得非常卖力,可只得到了一点儿肉沫。钟声敲响十二下,她捧着肉沫,搓了搓冻红的手往外走,脸上竟然还带着满意的笑容。

我喊住了她。

"这就是你挣钱的方式?这和乞讨有什么区别?如果你真的想替我分担,为什么不去做一名窃者?"

虽然尽力克制,但我心中还是充满了怒火。我对她的欣赏在那一刻几乎荡然无存,只觉得她笨拙、愚蠢、不切实际。

"我,我……"她说不出话来。

我一气之下把她拉到了饭店门口。

"这个世界上每一只老鼠都是这样生活的,所以,你也应当这样生活,你应当进去偷取你需要的食物,而不能仰赖别人。"我几乎是一口气说完了这些话。

"你不爱我了吗?"她疑惑地看着我。

我厌倦了她的问题,转身就走,她不再言语,只是沉默地跟着。

"走开!"我喝住她。

她停了一会儿,又跟上来,与我保持着一段不远不近的距离。

我不知自己是怎么了,似乎铁了心地想要摆脱她:"不要跟着我,回你从前住的地方去,我累了,我要一个人生活!"

她愣了片刻,眼泪在眸子里打转。

我不予理会,大步流星地向前走去。回到住处的时候,她果然没有跟来。

那天晚上我吃了一顿难得的饱饭,享受了片刻的宁静,我甚至有一种如释重负的感觉。直到夜里起风,我迷迷糊糊伸出手去,没有摸到暖和的米太太为止。床沿的另一头是冷的,我一下子醒过来。

婚姻真是一个奇怪的东西,有时候你几乎确信自己不爱她了,确信这世上的每一个女人都比她好,可是当她真的离开你的时候,无尽的孤独又会汹涌而来,就好像心里有什么东西被抽走了,变得空空荡荡。

我坐起来抽了一支烟。外面落雪了,我想起,她走的时候穿得并不十分暖和,我有点儿后悔,应该让她穿得暖和点儿再走,否则这漫长的夜晚该有多难捱!

我说服自己躺回床上继续睡觉,但是再也无法入眠。我的脑海里总是出现各种各样惊险的场面,我怕她真的去偷东西,怕她不知道保护自己,怕她被坏人盯上,怕她被车辆撞伤,怕她冻着、饿着,怕她流落街头,最怕的是她会死掉,怕自己再也见不到她。

我终于明白过来整件事有多么愚蠢。

我冲出了房门。

"米太太，米太太！"我在街上喊叫着。

我先是去了从前她住的地方寻找，里面一个人也没有，我又去了琴行，那些音符好像还在跳跃，可是琴凳上却没有她。

我不知她去了哪里。

随着时间流逝，我的心一点一点沉下去，我怀疑我已经失去她了，我开始哭泣，不顾路人奇怪的注视。我甚至想要结束自己的生命。直到路过饭店，看见了里面跳跃的身影——那是我的米太太。

她还活着，她正在费力地偷窃一个肉包子。

我的心脏重新跳动起来。

肉包子不是米太太爱吃的食物，她讨厌任何流着油水的东西，她只喜欢饼干和葡萄，肉包子是我喜欢吃的食物，她把它拖在肩上。我猜她是想要把它送给我，这让我更加懊悔此前粗暴的举动。

她是爱我的，正如我是爱她的一样，我擦了擦眼泪，朝她奔跑过去。

我实在太过高兴，竟然没有注意到脚下的捕鼠夹。

"米太太！"

我几乎要拥抱到她了。

"小心啊!"她尖叫了一声。

一阵剧痛传来,我跌落在地上。痛苦的呻吟吵醒了看门人。他踏着大步走向我们。

米太太愣在那里。

"跑,快跑!"我冲她喊。

可是她没有动弹。

"瞧,这里有两只老鼠!"看门人露出得意的笑容,打开了我腿上的夹子,把我提溜到半空中。

我预感到我的死亡,闭上眼睛静静等待,可是等了很久他的拳头也没有砸在我的身上。

我睁开眼睛,我看见了我的米太太。

她攀伏在我脚边,脑袋肿起了一个大包,流了血,她替我挨下了他的拳头,并且她没有退缩,勇敢地跳起来朝看门人的手腕咬下去,短暂的逃跑时间里,她拽着我从厨房的下水道溜走了。我们一路狂奔回家。我从来不知道她是那样的勇敢,那样的无所畏惧。

"对不起!"我对她说。

她摸了摸我的脸:"傻瓜!"

那之后很长一段时间,我被夹伤的腿都不能动弹,我无法再出去寻找食物，米太太便尽心尽力地照顾着我。她不是一个偷窃好手，常常带着伤痕回家，可是她从没有让我饿过肚子，她的脸上也总是挂着微笑，有时候我看得出，她自己并没有吃过什么东西，这时我就会谎称没有胃口，把剩下的食物给她。

我不知道做一名窃者对她来说有多难，可她从未抱怨。我暗暗发誓，等腿伤好后，一定好好待她，如果她想去琴行演奏，那么我愿意做她的听众，不管她问多少遍我爱不爱她，我一定回答我爱她，发自内心地。我会同她一起老去，死在同一张床上。可我没想到，她已经病得那样严重。

她开始记不住事情，明明才吃过饭，又会一骨碌从床上坐起，看着我说："米先生，我去给你弄些吃的！"

她渐渐地喊不出邻居的名字，有时候，一首熟悉的曲子弹着弹着就不知道要怎么弹下一个音符，甚至睡觉睡到一半，会忽然醒来，望着周围的一切不知所措。

我不明白这是怎么了，我带她去看医生，医生说，她的大脑受伤了，是外力撞击导致的，情况只会越来越严重。我这才知道，那次意外对她造成了永久性的伤害。

她很快忘记了大部分的路，大部分的人，大部分的事，忘记了我早已经康复，总是急急忙忙要照顾我，要出去找食物，可站在大街上又茫然无措，忘了回家的路。

我不想她茫然无措，带着她搬到了远离人群的老房子里。

那里没有别的老鼠，只有我们，这样她就不用再面对那些总是陌生的人和物了。更妙的是，房子中央还有一台欧式雕花的旧钢琴，这让她十分欢喜，每天晚上都会坐在琴凳前"演奏"。

我们结识了同样居住在这里的好心姑娘，她会给我们带来食物，我们过得很快乐，非常快乐。

今天，米太太在上床前，第一百零一次地问我："你爱我吗？"

我第一百零一次地回答她："我爱你！"

她第一百零一次地露出微笑说："我也爱你。"

我们手挽着手睡去。即便不会再看见明天的太阳也了无遗憾，因为我们始终在一起，我们是满足的。

我合上日记，望着床上相拥而睡的米先生和米太太，心中似有暖流淌过。我替他们盖好了被子，关上了房门，就像他们真的睡着了一样。

# 灰鸟先生的爱情

1

我曾认识一只孤独的小鸟。

他的羽毛是灰色的，嘴喙是灰色的，眼睛是灰色的，甚至连用来跳跃的小脚也是灰色的。

周身灰蒙蒙一片。

他的模样并不好看，声音也并不好听。

我见过许多次，他同其他鸟儿站在人们的窗前歌唱，人们独独只赶走他。

"喂，走开走开，这样的声音也能算是鸟鸣吗？"

他悻悻地转身离去。

久而久之,其他鸟儿都不愿意和他待在一起,他变得离群索居,独来独往。

出于同情,当他落在我的窗前时,我并没有赶走他。

造物主创造出得天独厚的生命让他们享受万千宠爱,也创造出卑微平庸的生命唤起人们的恻隐。

我在窗前放上食物,他小心翼翼地飞过来吃。

"谢谢你,好心人!"吃完之后他向我道谢。

"不客气!"

几次三番,他同我熟悉起来,每当太阳出来就会到我的窗前停留。

有一天,他认真地问我:"你是否也觉得我的声音难听呢?"

我不知怎么回答,只好耸耸肩,不置可否。

那之后,再给他食物,他便不说谢谢,而是用诚恳的姿势向我躬一躬身体。

他心里一定住着一只非常敏感的灵魂,否则日子也许会好过一些。

春去秋来,天变凉了,鸟儿们成群结队飞向南方,最后一片树叶落下的时候,他也来向我告别,在茫茫的鸟群中,他显得非常孱弱。

"你真的要走吗?"

"嗯!"

"其实你可以待在我这里!"我担心他不够丰满的羽翼无法支撑自己飞到南方,但他去意已决。

"放心吧,我会到南方寻觅我的伴侣,来年春天,我带她一块儿来见你!"

这几乎是他说过的最长的一句话了。说完他便离开,身影缩成小小的一个黑点,最后消失在地平线上。

我心中充满了忧虑,不知是否真的会有人喜欢他灰蒙蒙的样子,不知他能否熬过这银妆素裹的冬天。

2

我没有去找新的工作。站在窗户前看雪花一片片落下,又一片片融化。经过漫长的隆冬,柳树开始抽出新的枝桠,飞往南方的候鸟陆陆续续返回了,他们出双入对,可这里面并没有我的朋友——灰鸟先生。

我有些疑惑,他是否遇到了不测?

新绿的叶子一片一片变成深绿,我终于按捺不住,向其他鸟儿打听他的下落。

"嗨,你们有见过一只全身灰蒙蒙的小鸟吗?"

"见过,见过!"他们露出微笑。

"他在哪儿?"

"他掉队啦!"

不知为什么,那笑容里隐隐有一丝微妙。

夏天就要临近,我几乎放弃了等待,可他还是在一个阳光有些热烈的清晨敲开了我的窗棂。他变得更瘦了,但眸子是明亮的。

"你好!"他对我说。

"你好!"我充满了惊喜。

他还是形单影只,并没有如他所愿找到伴侣。我从橱子里拿出许多好吃的东西招待他,并不打算跟他提这件让他难堪的事情。

他显然饿坏了,狼吞虎咽了好一阵子,忽然抬起头:"朋友,你还记得我说过会带她来见你吗?"

没想到他主动提起这事。

"当然。不过那有什么关系,能看见你已经够高兴的!"

"可是,她来了!"

"在哪儿?"我几乎不敢相信自己的耳朵。

"等着。"他说完,转身离开。

我匆忙又去橱子里拿了些食物。

我大概已经猜到她不会是只普通的鸟儿,也许同他一样周身灰色,也许她的声音并没有那么嘹亮……但不论如何,我都决定就像接纳他一样接纳她。

我怀着好奇站在窗户前,不一会儿就看见他回来了,但是我没有看见他身边有任何其他的鸟儿,倒是他的嘴里衔着一根粗重的枝条。

"嗨!"他落在我窗前,休息了好一会儿才喘过气来。

"她在哪儿?"我小心试探。

"喏!"他指着那截枝条,"就是她!"

我一度怀疑自己听错了,一只鸟儿怎么会称呼一截树枝为"她"?但在他和我描述的故事里我又否定了这个想法,他不顾我不解和怀疑的眼神,说起了和她相遇的经历。那是在南方一个下着雨的傍晚,他在一间房子的屋檐下躲雨,房子主人从院落扔出了她,因为她长得太快太古怪,根本不适合做一盆盆栽。

"她击中了我,我想这是缘分!"他看着她,眼里流露出绵绵爱意,"就像我,没有美丽的羽毛和歌喉,根本不适合做一只鸟儿!"

"可是……"我不知该说什么,但我明白了他那些同类笑容里的微妙。他不顾嘲讽,衔着一截树枝飞了那么远的距离,在外人看来简直近乎悲壮。

"我要和她结婚!"他对我说。

3

如预料的一样,没有人愿意参加灰鸟先生和树枝小姐的婚礼,那是一段不被承认也不被祝福的爱情。唯有我。

我了解他,他太自卑了,不知道自己也许也能配得上一个同类,我将我的感受婉转地表达给他它听。

可他反驳了我。

"因为我的相貌和普通鸟儿不同,因为我没有美丽的歌喉,我就没有选择的权利吗?倘若一只漂亮的鸟儿喜欢我,我就该满怀感恩吗?不,我并不喜欢她们,我只喜欢我的树枝小姐!"

我不知他心里是否真的这样想。

"可是……"我犹豫片刻,"树枝小姐无法回应你的爱,她甚至无法告诉你她爱你!"

灰鸟先生听罢,低垂下眼帘:"我相信她是爱我的,就算她不爱我那又有什么关系,只要我爱她就好!"

他将那截树枝栽在了河边的泥地里,如同一个固执的少年。

出乎意料的是，树枝很快就长出了新的叶子，灰鸟先生细心地照顾着她，还常常趴在她的身边和她说话。他不再担心自己的声音会不令她满意。但这只是让他看起来更加孤独。他长久地站立在河边，向她描绘一朵白云，一只蚂蚁，向她描绘他一天的见闻，在外人看来那都是自言自语。

"河边有个疯掉的家伙！"路过的其他鸟儿低声议论，灰鸟先生充耳不闻。

我不知道这对他而言究竟是幸还是不幸，就像我不知道一场没有回应的爱最终会有怎么样的结果。

冬天来临的时候我找到了新的工作，终于决定搬离那座城市，而灰鸟先生则打算继续留在这里守护着他的树。

"我要看她长出叶子，看她开出花儿！我不要错过她生命中的任何时刻！"

我给他留下了我的房子，以免他挨饿受冻。

他是执着的，某种程度上来说，我们都是。只是有时候会忘了，为什么选择这份执着，忘了自己的心里究竟住着谁。

4

我和灰鸟先生保持着通信，信里说着当下的生活，说着过去的点滴，说着未来的憧憬，还有夹杂在其中的问候与祝福。

Write all the best love in fairy tales

我计划过很多次北上,去看望旧友,去看望灰鸟先生和他的树枝妻子。灰鸟先生也无数次在信里和我描述过他的状况,邀请我过去。

他说他的妻子不再是一根树枝,而是一株木棉。他从前一直不知道,她是木棉,她不属于花盆,她只属于大地和蓝天。

我能想象那个场景,灰鸟先生栖息在她的枝头,用他并不好听的声音温言软语地同她念来往信件。

"你知道吗,有时候我希望自己也是一株木棉,这样我就能看见她看见的世界,听懂她听懂的语言……"

这大概是这段感情最难熬的时候。他不知道她爱不爱他,甚至不知道她能不能感受到他的爱。

我一直抽不出时间同灰鸟先生见面,只好逐渐地成了遥远的朋友……就好像很多回忆,最后只存在于脑海里。我甚至想,不见面或许更好,这样的爱情还是在信件里看起来比较幸福。

可那一年,他没有寄来信件,却再次落在我的窗前,与往日不同的是,他受伤了,身上流着血,看上去虚弱不堪。

"帮帮我,朋友!"他说。

我想一定发生了很可怕的事情。

河边的那片泥地将要被开发,树枝小姐伫立的地方会建一座摩天轮,人们找不到移栽的场地,于是决定伐掉她。
他要我帮他,帮他保护树枝小姐。
我试图让他休息一会儿,试图喂他吃一些食物,喝一点儿水,可他已经没有力气了,甚至无法进食。那是我最后一次见他,他很快就死去,小小的尸体缩成一团。

他的身体残破不堪,我无法想象他经历了多少苦难才飞到这里,我将他装在一个纸盒里,不想辜负这份嘱托。尽管那只是一棵树,我还是坐上了北上的火车,来到从前他们伫立的地方。的确如他所说,树枝小姐几乎长成了参天大树,看起来美丽极了,而人们却决定伐掉她。

"有没有什么办法不要伐掉这株木棉,毕竟她这样美丽?"我鼓起勇气询问。

得到的答案是否定的。

人们注意到我手里提着行李,行李上架着一个纸盒:"你从很远的地方来吗?"

"是的!"

"纸盒里装着什么?"

我打开纸盒，他们看见了死去的灰鸟先生，流露出惊奇的神色。

他们告诉我，这株木棉本来是第一批要伐掉的树木，可这只灰色的鸟儿像疯了似的，持续不断地攻击伐木工人。他们把他关进笼子里，他撞断笼子，他们把他赶走，赶到很远的地方，他又扑闪着翅膀飞回来。最后他们只好请来猎手，一开始只是吓唬他，可是他不肯离去，固执地盘旋在木棉的上空，猎手只好开了枪。他被打中了，发出了惨叫。他似乎要落下，可又缓缓飞起。猎枪响了三次，他起落了三次，最后还是消失在天边。

他们叫他不死鸟。

"原来这不死鸟是你的鸟！"

我的眸子有些湿润："不，他是我的朋友！"

5

人们最后还是决定伐掉木棉。我没有再说什么，对于一棵树，我想我已经尽力了。

我将灰鸟先生埋在木棉下，并给他立了一个小小的墓碑，墓碑上写着：这里住着最忠贞的爱人，他为爱付出生命。

我轻轻地抚摸着木棉的枝干。

微风吹过，锯子发出轰隆轰隆的声音，伐木工人喊着口号，她终于应声倒下，猩红的花瓣落了一地。

不知在生命的最后一刻她会想些什么，可曾知道自己被一只鸟儿深深地爱着。

我转身离开，人群中却传出惊呼。

在那断掉的截面里，藏着一颗跳动的树心！

我拨开人群，看见了树心。

那并不是一颗寻常的树心，它是灰色的，依稀能看见灰色的嘴喙，灰色的眼睛，灰色的小脚……每一下跳动都是鲜活的灰鸟先生的模样。

"我无法说爱你，可你一直住在我的心里。"

我将树心一同埋在了墓碑下，此后每到春天，那里都会结出灰色的花朵。

冰箱物语

1

冰箱小姐发烧了,制冷系统崩溃得一塌糊涂。女主人站在一堆化了水的冻鱼面前唉声叹气。

"东西老了,不经用,白白糟蹋好鱼!"

冰箱小姐听着这通数落,心里有些过意不去。这已经是入夏以来,她第三次出现故障。尽管每天的神经都绷得紧紧的,生怕有什么差错,可越是这样,差错就越加频繁。或许真的如女主人所说,东西老了,不经用。

冰箱小姐强打起精神,希望一个好的面貌能让女主人的心

漫长，是你走后的每一天

希望你像个孩子那样，热爱着自己

情稍微宽慰一些。

她在这个家待了十一年,从女主人的第一个孩子降生到最后一个孩子出世。她为他们贮藏了所有能带来欢乐的食物!在身体出现状况以前,她不知疲倦地二十四小时工作,不管放进去多少东西,她都能把它们保护得好好的。

她看着孩子们渐渐长大,看着女主人慢慢老去,早就把自己当作了这个家庭里的一员。

如今出了这样的状况,她比谁都难过。

"真是抱歉!"她又说。

冻鱼化了水,不再那么新鲜,不新鲜的鱼煮起来会有腥味,孩子们一点儿也不喜欢有腥味的鱼,更不用说那些坏掉的冰淇淋。

女主人叹了口气,拿着钱包,出了门。

冰箱小姐心想,她大概是要去楼下找电器维修的工人。每回冰箱小姐坏掉,她都是这么做的。那个工人身上有一股子怪味,脸上油亮乌黑,动作粗糙随意,冰箱小姐很不喜欢他,从他年轻的时候就是这样。但年轻时的他多少还有一些生猛的气息,如今人到中年,简直邋遢得不行。冰箱小姐叹了口气,暗暗发誓这回修好后,再也不会让自己看见他。

不过，这可由不得她。

女主人很快风尘仆仆地回来了，她的身后出乎意料地没有跟着维修工人，却是跟着两个年轻的男孩儿。

"老维修工去哪儿了呢？"冰箱小姐还在思考，却看见年轻的男孩儿抬着崭新的冰箱走进屋子，新冰箱比冰箱小姐大两倍，外表是漂亮的红色烤漆。

"快来看，我们买了新的冰箱！"女主人召唤着房间里的孩子，孩子们一股脑儿跑过来。

"是新的冰箱！"

他们兴奋地围上来，讨论她的价钱和功能。

"抬到那儿去吧！"

在女主人的指挥下，一家四口人把冰箱小姐移到了不起眼儿的角落，把那只崭新的冰箱放到了冰箱小姐的位置上。孩子们迅速地把冰箱小姐身体里的食物统统搬到了新冰箱的肚子里。

没有人注意到冰箱小姐伤心失落的样子。

她老了，做不了那么多事，照顾不了那么多食物了。

她尽力安慰自己，她还是这个家庭里不可或缺的一员，女主人的这一举动只是为了给她减轻负担。

然而，第二天的大扫除，他们却不肯帮她擦一擦身上的灰尘。

他们为地板打了蜡，为沙发抹了油，把厨房的灶台和油烟机弄得像刚买来的一样，他们甚至花了不少时间清洁那台根本不需要清洁的新冰箱，可他们却没有帮老去的冰箱小姐擦一擦身体。

他们忘了她了，她十分难过。

"我和周围光鲜的一切多么格格不入啊！"冰箱小姐顾影自怜，发出感叹。

女主人好像听见了似的，环顾四周，很快也发出了同样的感叹："这台冰箱和周围光鲜的一切多么格格不入啊！"

冰箱小姐心里涌起一丝喜悦。她几乎要喊出来："若是稍微打扮打扮，稍加修理，我看起来也并不十分陈旧，或许还可以使用很久。"

可是女主人的想法和她并不一样。

"或许，我们该把它卖到废品收购站去！"

"对！"孩子们附和起来，"这台冰箱实在是用了太久了！我们该把它卖到废品收购站去！"

冰箱小姐一度怀疑自己听错了。"他们要把我卖掉吗？"她问自己。

"对！"孩子们又重复了一遍，"我们得把这台冰箱卖掉！"

她没有听错。在她在这个家庭服役的第十一年里，他们准备将她送到废品收购站去。

2

冰箱小姐不想去废品收购站,她想要与命运抗争,想证明自己是有用的。可是,她不知道该怎么做。没有人再将食物放进她的身体里,孩子们一放学就围在新冰箱的身旁,从那里面拿出可乐、冰淇淋。原本她用来吸引孩子们的东西已经被另一个家伙取代了,而且那个家伙做得比她要好得多。

冰箱小姐非常沮丧。

他们不要她了,像随随便便扔掉一个烂东西一样把她扔掉。他们早已忘记她曾为他们带来的快乐、方便和甜蜜。

你看,迷人的时刻总有一天会过去。

女主人叫来了收废品的老头儿,老头儿费了九牛二虎之力才把冰箱小姐扛到了三轮车上。

"五十元!不能再多了!"老头儿说。

女主人没有表示任何异议,欣然接受。

于是,他们以五十元的价格把老去的冰箱小姐卖了。冰箱小姐站在晃晃悠悠的三轮车上。曾经的家人在视野里越变越小,最后成了一个点儿。

"人老了,就和冰箱一样,派不上用场!"老头儿费力地踩着三轮车,时不时地喃喃自语。

如果冰箱能够自杀的话,冰箱小姐相信自己现在已经死了。

可惜冰箱不能自杀,冰箱小姐只能跟着这个老头儿奔赴未知的命运。她被带到了一间装满废品的仓库里,仓库逼仄狭小,散发出一阵又一阵奇怪的气味。

每个废品都显得垂头丧气,无所事事。

她试图和他们打招呼,可是没有人搭理她。

她从未遭受过这样的冷遇。

在十年前智能冰箱并不多见,作为一份嫁妆,冰箱小姐走到哪儿都能赢得赞美。女主人每次看见她,脸上总是洋溢着骄傲,她为她擦拭身体,小心翼翼地等所有东西放凉了之后,才储藏进她的身体。来家里做客的男男女女总是要夸奖她几句。

"瞧,多漂亮的冰箱!"

"瞧,她的功能真多啊!"

冰箱小姐忍不住回忆过往。

他们爱护她,欣赏她,而她对一切都心满意足。

她目睹了女主人的第一次怀孕,第一次生产,目睹了女主人初为人母的喜悦。她看着孩子们一点一点地长大,看着孩子们从冰箱里拿出一样又一样的食物,看着这些食物给他们带来甜蜜的喜悦。

她从来没想过自己会落得如今的地步。尽管他们对她的态度大不如从前，在她不大好用的时候使劲拍拍打打，可她现在觉得，即便这样也很好——能够被一个孩子拍拍打打。

她多么希望还能得到这样的待遇。至少这证明他们还是需要她的，世界上还是有人关注她的。

如果连这一点愿望都不能实现呢？冰箱小姐叹了一口气。

"人老了，就和这些坏掉的电器一样，派不上用场！"

收废品的老头儿又从外面运进来一台电视。冰箱小姐认得这台电视，他们是一个时代的产物，曾经身处在同一家商场。

"你怎么也来了？"冰箱小姐问他。

他并不回答，低着头，身上有很多斑驳的痕迹。看得出这些年，他过得并不如意。

没有人说话，没有人的脸上有和麻木不同的表情。

冰箱小姐环顾了一下四周，除了各式各样的废品，墙上还挂着一张老照片，是收废品的老人年轻时候的样子，穿着中山装，眼角眉梢都是青春灿烂的样子。

"也许当时我也该拍一张那样的照片。"冰箱小姐轻轻眨了眨眼睛。

她怀疑很快她就会和这里的所有其他电器一样，失去笑容和语言。在肉体消亡的同时，灵魂也一起死去。

不知家里的那台冰箱怎么样了?

冰箱小姐忽然想到那台崭新的取代了自己的家伙。

她有一点儿嫉恨,嫉恨她漂亮,嫉恨她有着讨人喜欢的种种魔力和手段。

但转念一想,又笑了。

她大概不会更旧,而她会一直旧下去。

谁不曾迷人过?

她决定在这里等她,等着她和她去往同一个地方。

一辈子不就是这样吗?所有的冰箱小姐最后总是要殊途同归的。

配角

熊先生爱上了熊小姐。他像所有恋爱中的熊一样,变得敏感温柔。

他假装不经意地出现在熊小姐常常出现的地方,只为给她捎上一束鲜花。

他捕来许多鲔鱼,一只也不舍得吃,统统做成鲔鱼罐头送给熊小姐吃。

他去蜜蜂窝里偷蜂蜜,被蜜蜂蛰了一脸包,捧着偷来的蜂蜜送到熊小姐家。

熊小姐问他:"你脸上怎么了?被蜜蜂蛰了吗?"

熊先生说："蜜蜂哪里敢蛰我呢？我只是，只是长了很多青春痘！"

他在熊小姐面前说了好多谎话。

说这个世界上没有一只熊比他强壮。

说猎人的子弹没有他跑步速度快。

说他是游泳冠军，可以一口气从河的这头游到那头。

他希望熊小姐能爱上他，可是熊小姐总是客客气气地对他说谢谢，客客气气地笑。

爱上一个人怎么会是这样子的呢？

熊先生问熊小姐："你有喜欢的人吗？"

熊小姐点了点头。

熊先生希望熊小姐脱口而出的名字会是自己，可熊小姐说："我喜欢的人是狐狸！"

不管狐狸说什么，熊小姐总是开怀地配合。

不管狐狸的牛皮吹得有多不靠谱，熊小姐都认真地听。

熊小姐爱上了狐狸，像所有恋爱中的熊一样，变得脆弱温柔。

她再也拧不开装水的葫芦的盖子了。

她清晨敲开狐狸家的门，给狐狸送来好吃的蜂蜜蛋糕。

她切蛋糕切破了手，手指上缠了纱布。

狐狸问："你是不是切破了手？"

熊小姐说："我怎么可能切破手呢，我只是，只是在练古筝！"

她在狐狸面前说了好多谎话。

说这个世界上没有一只熊比她温柔。

说这个世界上没有一只熊比她聪明，比她善解人意。

说狐狸先生那样强壮、勇敢，总能给她好多的保护。

她希望狐狸先生会爱上她，可是狐狸先生每次都客客气气地对她说谢谢，客客气气地笑，就像她对熊先生一样。

爱上一个人怎么会是这样子的呢？

熊小姐明白，狐狸先生爱的不是她。

狐狸先生带着她做的蜂蜜蛋糕约狐狸小姐去野营，狐狸先生给狐狸小姐讲各种各样的笑话。每次熊小姐去找狐狸先生的时候都能看见狐狸小姐的身影。

熊小姐的心都要碎了。

熊先生说："你看，狐狸并不喜欢你，可是我喜欢你！"

熊小姐说："我知道，可是我并不喜欢你，我喜欢狐狸！"

这是多么令人伤心的事。

熊先生爱熊小姐,熊小姐爱狐狸,而狐狸和狐狸小姐彼此相爱,这个故事里最多只有两个人会幸福,另外两个人都是配角,只能祝福他们幸福。

狐狸先生决定要向狐狸小姐求婚。他把早已烂熟于心的誓言背了一遍又一遍。

"她会答应我吗?"狐狸先生问熊小姐。

"会的!"熊小姐回答。

狐狸先生很高兴,他打算在求婚前为狐狸小姐盖一个漂亮的家。他每天都去树林里伐木,他四肢细长,总要费很大的工夫才能把这些木头抱回家。而熊小姐四肢粗壮,轻而易举就能抱起一棵树。

"让我来帮你吧!"熊小姐说。

她一改往日的形象,抱着大树,风风火火地在树林里进出。

"瞧,你跑得多快啊!"

"瞧,你的力气多大啊!"

熊小姐不再是那个拧不开水葫芦盖子的熊小姐,她拍一拍手,就能把葫芦击得粉碎。

世间爱情尽是如此。

喜欢一个人的时候为他做什么都是心甘情愿,他想要保护什么人,你就是被他保护的人,他需要什么人依靠,你就是那个让他依靠的人,他不需要你的时候,你也愿意成全,哪怕为他和别的姑娘盖一个家。

  熊小姐那样认真地把每一块儿木头打磨、抛光,就好像自己也将住在里面一样。
  熊先生看在眼里。
  "这样可爱的小姐怎么能干这样粗重的活儿呢!"
  熊先生有点儿生狐狸先生的气,他甚至想把狐狸先生抓起来打一顿。可是他知道,熊小姐喜欢狐狸先生,如果他打了狐狸先生,熊小姐就会不开心的。熊先生放下了这个念头,他来到了熊小姐身边,他说:"让我来帮你吧!"
  熊小姐点了点头。于是狐狸的新房子里出现了两只熊的身影。

  熊先生那么强壮,他的手掌比熊小姐大一倍,块头比熊小姐大一倍,有他的帮助,狐狸先生的家很快就盖好了。院子里种满了熊小姐移栽来的鲜花,房间里有熊先生亲手打造的秋千。
  熊小姐种鲜花的时候想着狐狸,熊先生做秋千的时候想着熊小姐。狐狸先生的房子成了森林里最漂亮的房子,因为里面装满了憧憬和爱。

"你们要幸福!"熊小姐和熊先生离开的时候对狐狸先生讲。

狐狸先生郑重地点了点头。

狐狸先生筹备了盛大的婚礼。

可婚礼的前一天,狐狸小姐却被猎人抓住了。

耳尖的小鸟送来了消息。

前来庆贺的小动物们一哄而散,除了狐狸先生,他一步也没有动,立着耳朵细听,似乎听见了狐狸小姐的呼救。

熊小姐看见狐狸先生没有动,也停下奔跑的脚步,熊先生看见熊小姐停下来,也赶紧停下,站在她的身边。

"是猎人!"熊小姐对狐狸先生说。

"我知道!"狐狸先生回答。

他眼睛通红,双拳紧握,向猎人的方向冲去,他比任何时候表现得都像一个勇士。

"快停下!你会死掉!"熊小姐试图喊住狐狸先生,可狐狸先生跑得那样快。

"我所有的人生计划里都有她,如果要失去她,那死掉又有什么好怕的!"狐狸先生对熊小姐讲,熊小姐不再说什么,静静地追上了狐狸先生,而熊先生又静静地跟在熊小姐的身边。

熊小姐对熊先生说:"其实你不用陪我。"

熊先生说:"可是我也怕你会死掉!"

他们俩就这样在太阳下肩并肩奔跑着,烈日打在脸上身上,直到太阳落山,他们才找到了猎人。

狐狸小姐受了伤,奄奄一息地躺在猎人的背囊里。

猎人对他们的到来感到惊讶。

狐狸先生一边喊着,一边冲到了猎人的背囊面前,抱起了狐狸小姐,猎人举起了他的猎枪。

猎人从来没有见过这样胆大妄为不知死活的狐狸,也从来没有见过这样胆大妄为不知死活的棕熊。

熊小姐一把挡在了狐狸先生的面前,而熊先生又将熊小姐藏在了自己的身后。

猎人皱了皱眉,把枪瞄准了站在最前方的熊先生。

熊先生的心咯噔一跳,随即闭上了眼睛。

熊小姐对熊先生说:"你其实不用挡在我面前的,你快走吧!"

熊先生回答:"不,你忘了,我的跑步速度,比猎人的子弹快得多,你和狐狸先走,我一会儿就去树林里同你们会合。"

熊小姐没有走，她转过头把同样的话又对狐狸先生说了一遍："我的跑步速度，比猎人的子弹快得多，你和狐狸小姐先走，我和熊先生一会儿就去树林里同你们会合！"

狐狸先生看着怀里的狐狸小姐，她流了很多血，再不医治就会死去。他咬了咬牙，带着狐狸小姐走了。

猎人的枪声响起来，狐狸怔了怔，加快了脚步。

天黑的时候，森林里的小动物们带着火把来到了河边，他们呼喊着熊先生和熊小姐的名字，可是没有任何人回答。

熊先生不见了，熊小姐也不见了，大家搜索了三天三夜，都没有找到他们，就好像这个世界上从来没有存在过他们。

狐狸小姐和狐狸先生的婚礼重新举行。婚礼现场仍旧很漂亮，有蕾丝的桌布，随处可见的鲜花、布景，除了蜂蜜蛋糕。因为再没有人弄来蜂蜜，也再没有人会做蜂蜜蛋糕。狐狸先生对狐狸小姐念下了他早已烂熟于心的誓言：

"我愿意倾我一生尊重你、爱护你、陪伴你、照料你，不论贫穷或富有，不论健康或疾病……"

在众人的掌声中，狐狸小姐成了狐狸先生的太太，狐狸先生成为了狐狸小姐的丈夫。大家都忘了还有两个不曾到场的客人。

第366首情诗

井底里的青蛙爱上了天上的月亮,因为月亮又白又美,每天都准点地出现在井口之上。

它爱了月亮很长一段日子,终于决定对月亮表白。

它说:"月亮,月亮,我仰慕你的光辉,热爱你的皎洁,你愿意成为我的朋友吗?"

月亮没有回答。

它高高地挂在天上,听不见青蛙的表白。

青蛙于是决定爬出井口,到离月亮近一点儿的地方去。

它攀上井壁，一步一步往前。

路过的风儿对它说："青蛙，青蛙，你会摔断你的胳膊！"

盘旋在上空的鸟儿对它说："青蛙，青蛙，你会摔断你的脖子！"

执着的青蛙没有理会，它爬呀爬呀，整整爬了一个月，粗糙的岩壁将它的爪子磨得又短又平，它终于爬出了枯井。

外面的世界辽阔美丽，可它的眼里只有月亮，它对月亮说："月亮，月亮，我仰慕你的光辉，热爱你的皎洁，你愿意成为我的朋友吗？"

月亮仍旧高高地挂在天上，听不见青蛙的表白。

"它在天上，我却在地下，这样遥远的距离，它怎么能听见我的声音？"

青蛙于是决定到离月亮更近的地方去。

它央求路过的鸟儿带它飞到天上，它告诉鸟儿，它爱上了月亮，必须到月亮身边。

鸟儿蹲下身体询问青蛙："载你到天上，我能得到什么？"

青蛙回答它愿意把一切都给鸟儿。可是除了拥有它自己，它再没有任何东西。

小鸟上下打量着青蛙，青蛙的眼睛那样漂亮，就像珠宝店里的宝石。小鸟从来没见过这么漂亮的眼睛,不由得发出感叹。

"如果我能拥有你的眼睛该多好啊。"

小鸟并不知道,眼睛一旦离开了身体,很快就会失去光彩,青蛙也不知道摘下眼睛会那样疼痛。它想,既然用一只眼睛也能看见月亮,那么干吗一定要用两只眼睛呢?它毫不犹豫地答应了小鸟的要求。

小鸟啄下了青蛙的眼睛,载着青蛙飞上了蓝天。

地上的高楼大厦变小了。

可月亮仍旧高高挂在天上,青蛙忍着疼痛对月亮说:"月亮,月亮,我仰慕你的光辉,热爱你的皎洁,你愿意成为我的朋友吗?"

月亮没有回应。

青蛙央求小鸟再飞得高一点儿,可小鸟说,它不能飞得再高了,它的翅膀受不了高空的严寒。它停靠在地平线尽头的山上,将青蛙从身体上放下。

"再见,青蛙!"小鸟扇动翅膀朝山下飞去。

山上只剩下青蛙自己。

它失去了一只眼睛,这时用剩下的一只眼睛望着月亮。

"晚安!"它对月亮说。

星光照在它的脸上,它疲惫地睡去。

尽管没能到达月亮看得见它的地方，但是它并没有气馁，仍然在寻找机会。它在山上生活，渴了喝山中的泉水，饿了到小溪里寻找食物，山里的景色那样美丽，可它的眼里只有月亮。

皎洁的月亮啊，该怎么样才能让你听见我的声音呢？

一只热气球飘过青蛙的头顶，青蛙拦住了它。

"好心的热气球，你能带我飞到天上去吗？我爱上了月亮，必须到它的身边。"青蛙对热气球说。

热气球蹲下身体。

"带你到天上去，我能得到什么？"

"好心的热气球，我愿意把一切都给你，可是除了拥有我自己，我什么也不再拥有。"

热气球上下打量着青蛙，青蛙少了一只眼睛，可是它的爪子看起来强壮有力。

"如果我能有你的爪子就好了，这样我就能停靠在固定的地方而不用随波逐流！"热气球发出感叹。

它不知道，爪子离开了身体，很快就会失去力量，青蛙也不知道摘下自己的爪子会有多么疼痛。

它心里想，既然我还有三只爪子可以攀爬，那么我为什么一定要四只爪子呢？它毫不犹豫地答应了热气球的要求，热气球取下青蛙的爪子,带着青蛙飞上了天空。

山峰变得越来越小,云朵在它们的身下。

它成了世界上飞得最高的青蛙,可是月亮仍然挂在更高的天上。

青蛙忍着疼痛对月亮说:"月亮呀,月亮,我仰慕你的光辉,热爱你的皎洁,你愿意成为我的朋友吗?"

月亮还是没有回答。

青蛙央求热气球飞得再高一点儿,可热气球说:"对不起,我不能飞得更高了,我受不了稀薄的空气!"

它将青蛙放在一片云朵上,转身告别。

"再见,青蛙!"

云朵上又剩下青蛙孤零零的了。

它少了一只眼睛,一只爪子。它有一点儿疼,有一点儿难过,但它安慰自己,总有一天,它会见到它的月亮。

夜幕降临,它朝月亮招手。

"晚安,我的月亮。"

又一片云朵飘过,成了青蛙的被子。

尽管没能到达月亮看得见它的地方,但是青蛙并没有气馁,它在云里生活,渴了就喝天上的雨水,饿了,就吃风儿带上来的昆虫。

云端那样清冷，可青蛙的眼里只有月亮。

皎洁的月亮啊，该怎么样才能让你听见我的声音呢？

一只飞机掠过了青蛙的头顶，它飞得比热气球还高。青蛙拦下了飞机，它求飞机上的飞行员带它飞到月亮上去。

"好心的飞行员，你能带我飞到月亮上去吗？我爱上了月亮，必须到它的身边！"

飞行员上下打量青蛙，它少了一只眼睛，一只爪子。

"带你飞到月亮，我能得到什么？"

"我愿意把一切都给你，可是除了拥有我自己，我再没有任何其他东西了！"

好心的飞行员笑了，他并不需要青蛙给它什么。

他把青蛙带上了飞机，飞机朝戈壁飞去，那里有火箭发射基地，火箭会飞到月亮上，飞行员唯一的要求是，希望青蛙能在旅途中给他讲一讲自己的故事，讲一讲一只青蛙为什么会爱上月亮。

青蛙说："因为住在枯井里，枯井里什么都有，唯一的问题是孤独。"

它必须爱上什么人，才能赶走孤独。

它向露水求爱，露水没有回答。

它向岩石求爱，岩石摸上去冰冷坚硬。

它向周遭所能看见的一切求爱，可是周遭的一切都不给它回应。

直到它抬起头，望着天空，看见了皎洁的月亮为止，它立刻明白，它爱上了月亮。

"我给月亮写了365首情诗，却没有一个邮差愿意到月亮上去。"

"我对着月亮表白，但月亮在天上，我在地上，它听不到我的声音。"

"我不确定月亮能否爱我，但是它看我的方式，让我感受到了我的存在。"

青蛙望着月亮讲完了它的故事，飞机也正好抵达戈壁，它告别了飞行员，奋力地爬上了火箭，火箭朝月亮飞驰而去。

月亮的白天，气温很高，有一百多度，月亮的夜晚气温很低，有零下一百多度，那上面什么也没有，不论日出和日落，天空中都是漆黑一片。

青蛙付出了它能付出的大部分东西，终于和月亮站在了一起。

它问了它一直想问的那个问题——

"月亮呀，月亮，我仰慕你的光辉，热爱你的皎洁，你愿意成为我的朋友吗？"

月亮没有回答，那里空无一切，包括声音。

"当我们形容一个人孤独的时候,我们可以说,它在月亮上。"后来,飞行员给人们讲起青蛙的故事时,总会在末尾这样总结。

它不该追求虚无缥缈的东西,不该忽略了眼前的风景。

世人拿这样的故事当作寓言,却不知道:

"在离你最近的地方注视着你,是我心甘情愿爱你的方式。"

青蛙在月亮上写下了它给月亮的第366首情诗。

爱比你知道的多

1

森林里有一只特别特别丑的小兔子,她的名字叫兔小花。

她的嘴巴像马那样尖,耳朵像猫那样短,四肢硕大,毛色杂乱。人们看到她的第一眼总会发出惊讶的感叹。

"天,世界上怎么会有这样丑陋的小兔子!"

在别人的故事里,这样的小兔子一定生活得非常可怜,因为没有人喜欢她,没有人爱她。

但在我们的故事里,并不是这样。

聪明、勇敢和善良的品质,让这只小兔子拥有了不少朋友,她从未体会过孤独的感觉，从未怀疑过自己的模样。甚至她还有一个笨拙的崇拜者。这个崇拜者的名字叫兔小跳。兔小跳不聪明，所以他特别喜欢聪明的花花。花花走到哪儿，他就跟到哪儿。

他羡慕花花能找到森林里最大的胡萝卜，钦佩花花总是慷慨地将胡萝卜分给找不到食物的其他小兔子。

他说："花花，花花，你是全世界最厉害的兔子！"

他说："花花，花花，你是全世界最勇敢的兔子！"

每一只小兔子都需要观众，每一只小兔子都渴望被欣赏。花花在兔小跳的赞美下，幸福而又快乐地生活在森林里。

直到有一天，兔王国的兔王子召开舞会，宣布要娶一只聪明、美丽、勇敢的兔王妃为止。他向森林里的所有兔姑娘都发出了邀请。他的照片就贴在最大的那颗橡树下。

照片里，兔王子在马背上向大家招手，英俊而又风度翩翩，他的毛色像雪一样白，耳朵像萝卜一样长长挺立。兔小花一下子就沦陷了。她对兔小跳说："没想到，世界上竟然还有这样好看的兔子！"她毫不犹豫地报名，准备在一个月后参加王子的舞会。

"我会成为兔王妃吗？"兔小花忐忑地问兔小跳。

兔小跳郑重地点着头，他心里想，像花花这样优秀美好的兔子，一定只有王子才配得上她。

2

兔小花为舞会精心地准备着，她用芦苇编织成好看的花环，用蚕丝缝制出漂亮的裙子，她还特地去找学化妆的兔小美学化妆，把嘴唇涂成樱桃一样的颜色，把睫毛染得又黑又翘。

她问兔小跳："我好看吗？"

兔小跳说："好看。"

兔小花满意极了，在镜子面前转着圈。她想象着和王子一起跳舞的情景，为了能跳出动人的舞步，她每天都刻苦练习。

兔小跳成了花花最好的舞伴，他搜罗来各种舞步的跳法，陪花花一起练。

舞会那天，兔小花坐着兔小跳驾驶的驴车，信心满满地来到兔王国的王宫门前。

她昂首挺胸下了驴车，走进了王宫里。

她觉得自己是世界上最厉害的小兔子、最聪明的小兔子，理应得到大家的目光。

所以当全场安静下来注视着她的时候，她丝毫没有意识到人们的目光和她想象中的并不一样，直到人群中发出一阵阵感叹：

"天，世上竟然还有这么难看的兔子！"

金灿灿的墙壁倒映出了她的模样，胖胖的身体让礼服显得有些臃肿，人们指着她短小的耳朵和古怪的脸庞，窃窃私语。

"他们，是在说我吗？"兔小花头一次意识到自己和那些来参加舞会的纤细的小兔子们长得并不一样。她没有长长的耳朵，也没有洁白的皮毛。

"可是，可是也许王子会喜欢呢？"

她有一点儿忐忑，但仍旧执着地走到了宴会的大厅中，避开大家的目光，找了一个位置坐下。

舞曲响起，王子从门口缓缓走出，他比相片上还要英俊，还要有风度。兔小花激动地站起来，迎着王子的目光，朝他招手。王子环顾了一下四周，并没有邀请兔小花，他的表情看起来似乎是被兔小花的模样吓到了，只是出于王子的风度，而没有发出感叹。他邀请了兔小花邻座的公主共舞。

兔小花身后传来大家的嘲笑。

"她竟然还幻想王子会找她跳舞！"

时间一点一点地过去，王子换了一个又一个的舞伴，所有的姑娘都得到了王子的眷顾，却始终没有轮到兔小花。兔小花的两只手焦躁地搓来搓去。

舞会结束的那一刻,兔小花逃也似地爬上了兔小跳的车。

"我是不是长得特别难看?"她一上车就问了兔小跳这么一句。

兔小跳转过头,露出两颗洁白的兔牙:"怎么会,你是世界上最可爱的小兔子啊!"

3

兔小花快乐的生活被这场舞会打乱了,在她过往的兔生中,从来没有人告诉过她,她是一只丑陋的兔子。她在镜子里照了又照,心里充满了否定和自我怀疑。

她问兔妈妈:"我是不是一只难看的兔子?"

兔妈妈回答:"你是一只聪明的兔子!"

她问邻居兔哥哥:"我是不是一只难看的兔子?"

邻居兔哥哥回答:"你是一只勇敢的兔子!"

她问的每一个人都是这么说的,说她善良、智慧、热心、勇敢,可就是没有一个人说她好看。

"好不好看有那么重要吗?"兔小跳问兔小花。

"当然,因为王子喜欢好看的兔姑娘啊!"兔小花回答。

由于时间仓促,王子并没有从那场舞会中选出合适的王妃,王宫里的人们决定翌年春天再为王子举行一场舞会,这让消沉的兔小花又看到了希望。她决心变得漂亮。她开始减肥。每天只吃半根胡萝卜,她开始改造形象,每天把耳朵揪起来挂在高高的树上。

她问兔小跳:"你看你看,我有没有变瘦?"
她问兔小跳:"你看你看,我的耳朵有没有变长?"
兔小跳并不喜欢兔小花这样对待自己,他对兔小花的问题也就变得没有从前那么上心。
他说如果兔王子只看外貌,那么兔王子就是一只肤浅的兔子。兔小花为此和他吵了一架。
虽然没有人因为兔小花的样子不和她在一起玩,可是她从来没有谈过恋爱啊!
"因为所有人都喜欢和好看的兔子谈恋爱,而不喜欢和难看的兔子谈恋爱!"兔小花对兔小跳咆哮,"你说外貌不重要,那么你喜欢好看的我还是喜欢难看的我啊?"
兔小跳低下头:"我喜欢难看的你!"
"你就是一个谎话精。"兔小花简直气得不行,头也不回地离开了,兔小跳要跟上来,她拒绝了。
她一个人走啊走啊,走到了森林深处。

森林深处住着一个巫师,据说,她可以用魔法把兔子们变成不同的样子，兔小花想要找她已经很久了，可一直没有勇气。虽然能变得漂亮，毕竟是要付出代价的。兔小花不知道自己会付出什么样的代价，但眼看舞会就要临近，她决定不再犹豫，她搜集了一大堆的胡萝卜，装在大大的袋子里，敲开了巫师的门。

"你好，巫师！我，我想请你把我变成一只美丽的兔子！"

巫师上下打量着她。

瘦下来的兔小花仍然有着粗壮的骨骼，尽管把耳朵夹在树上，可并没有长长多少。她仍然是一只很难看的兔子。巫师不满地接过一大袋胡萝卜，计上心来。如果把兔小花变漂亮，自己能得到什么真正的好处呢？

对那袋胡萝卜巫师显然并不很感兴趣。

兔小花赶紧说，自己会当上王妃，那么就可以给巫师很多很多的钱。

巫师的眼睛亮起来。

"我不需要你的钱，要我答应你的请求也可以，但是你必须听我差遣。"

兔小花有些担忧。

可巫师说了，她会用魔法把兔小花变成世界上最好看的兔子。而倘若兔小花不听从巫师的差遣，这个魔法就会消失，兔小花又会变成一只难看的兔子。

在美丽的诱惑下，兔小花最终还是答应了巫师的要求。巫师没有食言，把兔小花变成了一只漂亮的兔子，这只漂亮的兔子有着纤细的手脚、洁白的皮毛、长长的耳朵。兔小花在镜子前看了又看，简直不相信自己的眼睛。

"你现在是全天下最漂亮的兔子了！"

兔小花开心极了，忘了所有担忧，一蹦一跳地回到了家。

兔妈妈没有认出她，左邻右舍也没有认出她。她再三保证自己真的是兔小花，她一件一件地算着成长中的事情，大家这才相信她。

"天，我们的兔小花变成了全天下最漂亮的兔子！"

大家都欢欣鼓舞，只有兔小跳担心不已，他一个劲儿缠着兔小花，问她用什么样的办法才把自己弄成了这个模样。

4

变美的兔小花收到了很多追求者的来信，邻居兔哥哥向她表白了，远房的表弟每天都给她送来鲜艳的玫瑰花。连出门买东西，都不用再排老长的队伍，兔小花从来不知道，做一只漂亮的兔子会得到那么多的优待。

王子的舞会又要开始了，兔小花穿上礼服，坐着兔小跳的车去了王宫。她问兔小跳："我会成为兔王妃吗？"

不等兔小跳点头，她就跳下了驴车。

"我知道我会成为兔王妃,因为我是最漂亮的小兔子!"

兔小跳没有说话。他心里想,像兔小花这样优秀的兔子,王子怎么配得上呢?

那天晚上兔小花成了全场的焦点,她不仅聪明、勇敢,还十分的美丽,王子简直为她倾倒,其他的兔姑娘都遭到了冷落。不等舞会结束,王子就宣布了他的心上人和未婚妻就是兔小花。

婚礼定在一个月后,整个兔王国都为兔小花欢呼。

就在这时,住在森林深处的巫师听闻了消息,找上门来。

巫师来到了兔小花的面前,她对兔小花说:"你还记得我们的约定吗?"

兔小花这才想起,她曾和巫师做过的约定。

"我就要成为王妃了,我愿意让王子送你许多的钱!"

"可是我并不需要钱!"巫师说着从口袋里掏出了一包药粉,"你就要成为王妃了,你得答应我一件事,你必须在婚礼当天给兔王子的父亲也就是老国王下毒。否则我就收回我的法术,让你变成最丑的新娘。"

原来巫师和王室是宿敌,可兔小花从前并不知道。

"我和老国王无冤无仇,怎么能给他下毒呢……"兔小花摇了摇头。

巫师笑起来："如果你不给老国王下毒，你就会变回原来的样子，你宽阔的身躯会撑破纤细的衣服，举国上下都会把你当成怪物！"

巫师放下药粉消失了。

兔小花一个人震惊地站在原地。

"如果我变回原来的样子，王子还会喜欢我吗？"

"如果我变回原来的样子，我还能嫁给王子吗？"

她魂不守舍，辗转反侧，直到沉浸在恋爱之中的王子向她保证："不论你变成什么样子，我都喜欢你，因为我喜欢的是你的灵魂！"

兔小花终于有了信心，她将那包药粉丢在了垃圾桶里。她善良且勇敢，怎么会为了自己去毒害一个无辜的国王呢？

5

婚礼那天，从四面八方赶来了许许多多的宾客，整个皇宫人山人海。人群里有乔装打扮的巫师的身影，紧张的兔小花一路上紧紧挽着王子的手臂。

所有人都注视着他们，坐在宝座上的国王端起酒杯向大家祝酒。

"在这茫茫的人海中能遇见爱人并不容易，希望他们今后能带着王室赋予的光辉……"

国王喝下了那杯酒，巫师殷切地期盼着他倒下，可是国王并没有倒下，他甚至一连喝了三杯仍然健在。巫师把眼睛移向了兔小花，顿时明白了她并没有听从自己的差遣。巫师的眼神里迸射出怒火。兔小花感觉到身上的礼服越来越紧。

"砰"的一声，袖口裂了。

"砰"的一声，脚丫从水晶鞋里窜出。

"砰"的一声，耳朵变短了。

"砰"的一声，脸变长了。

人群里爆发出一阵阵的惊呼："天，王子的新娘变成了怪物！"

王子几乎不敢相信自己的眼睛，他望着兔小花，连说话都不再流畅："你，你，你是谁？"

兔小花期待地看着王子，可王子似乎忘了自己说过的话，侍卫们走上前摘下了兔小花的王冠，决定把她关起来！

兔小花逼不得已，叫喊出来："不不不，别抓我，我不是怪物，我就是兔小花，真正的兔小花！"

在众人疑惑的目光中，兔小花坦诚地说出了自己的故事。

她欺骗了王子，她不是一个漂亮的兔子，她请求巫师用魔法将自己变得美丽，而歹毒的巫师想要害死国王……

"我无法毒死一个无辜的国王，宁愿变成我原本的样子……"兔小花低下头，结结巴巴地在大家面前吐露心声。

人群中不知是谁带头鼓起了掌,接着掌声就越来越多。
"兔小花是个善良的姑娘!"
"我们需要这样善良的姑娘当我们的王妃!"
出乎意料,呼声越来越响,王子犹豫再三,指挥侍卫放开了兔小花,亲自为兔小花戴上了王冠。婚礼继续进行下去,他们在牧师面前交换了戒指,成为了夫妇。

然而,王子和兔小花并没有像其他童话那样,从此过上了幸福快乐的日子,他们婚后的生活并不如理想中那样如意。

6

王子曾信誓旦旦地说,只喜欢兔小花的灵魂,事实上他并没有撒谎,他是这样以为的,只是当现实摆在眼前,一切又是另一回事。

他从没想过自己会娶一个相貌丑陋的妻子,而兔小花也从没有意识到当一个王妃是那样无聊的事情,她不能去森林里挖萝卜了,大部分时间都待在王宫里,穿着锦衣华服,她每天要花大量时间让化妆师给她打扮。即便如此,她的样子也实在不像一个王妃。王子醉心于派对和歌舞,像所有的王子一样习惯了高高在上,缺乏该有的幽默感,兔小花讲的笑话他根本听不明白,兔小花的智慧和勇敢似乎也派不上用场。

身为王妃最重要的是美丽顺从，所谓的聪明勇敢全都是骗人的。他们没有共同的爱好和兴趣，缺乏能够交谈的话题。

而且，王子不再像照片里那样英俊。

兔小花发现，他洁白的毛是染的，他长长的耳朵里请整容师垫了假体。不化妆的时候，他看起来一点儿精神都没有。他终日冷冰冰的，从来没有说过一句："兔小花，你是世界上最厉害的小兔子！"

每一只兔子都需要被肯定，每一只兔子都渴望被称赞。兔小花觉得这样的婚姻生活简直糟透了，她开始怀念她的从前，怀念那些在森林里自由自在的日子。

一天清晨，她鼓起勇气向王子说出了自己的决定，那是在他们结婚一年后。

她说："亲爱的王子，我想恳请你让我同你离婚！"

王子的眼睛瞪得那样大，这世界上还没有一只兔王妃提出过这样的要求！

虽然在兔王子的心里，兔小花并不是一个合格的王妃，但兔王子仍然感到非常惊讶，甚而有一点儿恼怒，他违背了自己的内心意愿娶她为妻，却没有得到应有的感激，反而不得不面对一份离婚的请求。

"你不喜欢衣食无忧的生活吗？"

"你不喜欢华美的衣服和庭院吗?"

"这世上怎么会有一只女兔子不想要做王妃呢?"

兔小花耸耸肩。

"或许你见过的女兔子还不够多?"

她在王子的瞠目结舌中转身离去。

她脱掉了繁重的礼服,挤脚的鞋,一路小跑,跑出了王宫,跑向了森林。那里有她的家人和朋友,那里有她热爱的自由。

7

兔小花终于又恢复了从前的生活,她每天都去森林里采萝卜,她总能发现最大块头的萝卜,也总是慷慨地将萝卜分给找不到食物的其他小兔子。

兔小跳终日跟在她的身后。他对兔小花的敬佩甚至又多了一条,那就是从王宫里逃跑。

他说:"花花,你是全世界最厉害的兔子!"

他说:"花花,你是全世界最勇敢的兔子!"

他说:"花花,你是全世界最酷的兔子!"

每一只小兔子都需要被称赞,每一只小兔子都渴望被崇拜,兔小花又过上了幸福快乐的生活。

唯一的缺憾是，有时候她照着镜子还会怀念她短暂的美丽的时光。

那时候她就会问："兔小跳，你喜欢好看的我还是难看的我？"

兔小跳每次都回答："我喜欢难看的你。"

兔小花把这当作兔小跳善良的安慰，她从来没有问过兔小跳为什么喜欢难看的她。

那么兔小跳为什么喜欢难看的兔小花呢？

兔小跳说："因为好看的兔小花有很多人喜欢，但是难看的兔小花只有我会喜欢呀。"

看来，这世界上总有一只兔子喜欢另一只兔子，比这只兔子知道的多。

被嫌弃的蛋糕

1

书上说，造物主创造出的每一样东西都有它的用途。

蛋糕小姐曾对这句话深信不疑。

那时她躺在蛋糕店的橱窗里，每天神采奕奕地期待着别人的垂青和光顾，她从橱窗的倒影里看见自己的样子，厚厚的奶油上面放着五颜六色的水果，她觉得自己是好看的，和其他的糕点一样好看，可不知为什么，从来没有一个人把她从橱窗里带走。

人们来了又离开,离开了又来,选走了各色各样的点心,那里面从来没有她,她尽力摆出最好的状态,一次又一次,当他们的眼神落在她身上的时候,她充满着期待,可每一次这种期待都落空了。

她觉得这个世界上没有人喜欢她,也没有人需要她。

这让她非常难过。

如果世上每一样东西的存在都有它的意义,那么一块儿不被需要的蛋糕的存在是为了什么?

她看着身边的同伴们一个一个地被带走,希望自己也能等到喜欢她的那个人。可随着时间的推移,这份希望就变得越发渺茫。

她询问她遇到的每一只蛋糕。

"为什么没有人想要带走我?我和你们有什么不同呢?"

每一只蛋糕都热心地上下打量着她。

"因为你看起来不够柔软!"

"为什么我看起来不够柔软?"

每一只蛋糕都仔细地嗅着她的气息。

"因为你身上的味道不够诱人!"

"为什么我身上的味道不够诱人?"

所有蛋糕都一起回答:"因为你其实不是一只真正的蛋糕!"

有时候你以为自己和他们一样，可实际上，你和他们迥然不同，而只有你自己不知道这一点。

她不是一只蛋糕，她是一只蛋糕模型，在被制造出来的第三百六十五天，她才发现了事情的真相。

这让她沮丧，这世界上再不会有谁将她从这里带走，她永远无法为一个孩子庆祝生日，永远无法让人们露出甜蜜的笑容。她见证不了婚礼，见证不了一切一只蛋糕应该见证的喜悦。

更糟的是，随处可见的网络图片甚至让她连模型的功能都发挥不了。

春天来临，店员索性将她搬到了杂物柜，柜门关上的那一刻，她由衷地渴望自己从未在这个世界上出现过。

2

"很高兴认识你，我的名字叫石头！"

"我的名字叫石头，你叫什么？"

"虽然你不理我，但你看，我还是很高兴认识你。"

从蛋糕小姐被关进来的那一刻起，柜子里的手推车就不停地在她耳边念叨着，没有人知道他想念叨些什么，像个没见过世面的家伙。蛋糕小姐端详着他，他有个轮子是坏的，据说一出生就被放到了杂物室里。

"能不能让我静一静!"蛋糕小姐终于忍不住对他说。

"当然。"他回答。

可停了大约三十秒的时间,他又卷土重来。

"听着,你需要一个名字,否则我该怎么称呼你?"

蛋糕小姐耸耸肩:"你高兴怎么称呼就怎么称呼!"

"那我就叫你高兴吧,希望你能高兴起来!"

"高兴!""高兴!""高兴!"他一连喊了三声。

名字带给了蛋糕小姐短暂的新鲜感,她没想过她会拥有一个名字。

"那么,为什么你叫石头?"她终于开口问他。

"因为这是我唯一会写的两个字啊!"

"那高兴要怎么写?"

"我不知道。"

石头在地上画了一个笑脸。

"或许,你可以这样写你的名字!"

"笑脸?"

是的,它就是高兴的意思!

"高兴!"

"高兴!"

"高兴!"

石头又一次连喊了三声。

新鲜感没有持续太长时间,蛋糕小姐很快又回到闷闷不乐的状态。

即便被叫作高兴,她还是高兴不起来。在这个糟糕逼仄的杂物柜里,生活还能有什么期望?

唉,蛋糕小姐叹了一口气。

石头指向外面试图安慰她:"其实这是个有趣的地方,隔着这扇门,你可以听见一切,想象一切。"

"听见一切并想象一切有什么意义?"

"我不知道……"

蛋糕小姐眯起眼睛,把焦点放在了无法触及的远方。

在她还不明白自己是一只蛋糕模型的时候,她每天都早早地醒来,精神抖擞地站在橱窗里,看红彤彤的太阳从地平线上升起,看街道两旁陆陆续续出现行人,值早班的店员打开店门,往煮咖啡的壶里盛上热乎乎的咖啡。厨师搅打着奶油,烤箱里散发出醉人的面包香气……

那时候她和石头是一样的,能从这个世界里看见美,对未来存有希望,可如今这一切都破灭了。

"如果你活得再久一些,就不会感到快乐!"蛋糕小姐对石头这样讲。石头并不相信,他认为一个快乐的人活得多久都是快乐的。

蛋糕小姐于是决定不再同石头攀谈,她闭着眼睛假装睡着,石头没再打扰她。

他们沉默着,直到深夜来临的时候,一束光从他们脚下照射过来。

夜晚不该这样短暂,那是手电筒的光。

蛋糕店的蛋糕们一起发出了尖叫。

"小偷,有小偷来了!"

石头推开杂物柜的门,眼前站着的是一个有些惊慌失措的女孩儿。

"对,对不起,我只是想要一只漂亮的蛋糕!"

3

蛋糕小姐认得这个女孩儿,事实上蛋糕店的所有人都认得这个女孩儿,她几乎每天都会在橱窗外驻足观看,她想要一个漂亮的婚礼大蛋糕,可是那样的蛋糕很昂贵,她和她的未婚夫看过一次价目表,价目表上的数字让他俩都瞪大了眼睛。

"其实,我并不真的想要!"女孩儿摇了摇头。

"我可以再想想办法。"男孩儿回答。

"没有人会吃婚礼上的蛋糕,那不过是个摆设!"女孩儿继续说,"所以,我一点儿也不在乎!"她拉着男孩儿的手走出了蛋糕店。男孩儿回头看了看,对这些蛋糕们做出了抱歉的表情。

那以后,女孩儿每天都来,什么都不问,什么都不说,就只是看看。

她和男孩儿说了谎,她想要那些蛋糕,就好像她想要一条漂亮的婚纱,一个像童话一样到处扎着蕾丝和气球的礼堂。

想要而不可得,蛋糕小姐为他们感到遗憾。

可她没想到,女孩儿会悄悄跑到蛋糕店里来偷蛋糕。

"我会把它还回来,我甚至都不会动它一下!"女孩儿像是和自己说话似的,她走到橱窗前抱起橱窗里最大的那个蛋糕。

蛋糕小姐私心里希望她能够得逞,她那样憧憬她的婚礼,值得拥有一个漂亮的蛋糕,当然,她又希望她真的能把蛋糕还回来,偷东西毕竟是不好的行为。

她抱着蛋糕几乎就要走出门口了,这时店铺外却又跌跌撞撞地跑进来另一个拿着手电筒的人。

蛋糕差点儿被撞到地上。

女孩儿吓得一溜烟躲到了柜台后面,手电筒落下来,光束打在那个人的脸上。

两个人几乎同时发出了惊叹。

"怎,怎么是你!"

跑进来的那个人是她的未婚夫。

不用说也知道,她的未婚夫也是来偷蛋糕的。婚礼就在明天,他们都没有攒够能买下一个蛋糕的钱,他计划把蛋糕拿回家,然后骗她说他得到了一笔奖金,这同她计划得简直一模一样。

"对,对不起!"

"该说对不起的人是我!"

俩人站在那里,看着对方的眼睛,不知站了多久,店铺里面的警报器响了,这才回过神来。

男孩儿拽着女孩儿往外跑,他们跑得飞快,没有被警察抓到,然而遗憾的是,他们也没有偷成蛋糕。

蛋糕小姐和石头目睹了这一切,又慢慢地退回到了杂物柜。柜门关上的那一刻,蛋糕小姐忽然有些伤感和失落。

"你在想什么呢?"石头先生问她。

"我在想我要是一个真正的蛋糕就好了,这样,我就能帮助他们拥有一个完美的婚礼。"

"谁说你不是?"

和那些真实的蛋糕相比,蛋糕小姐冰冷坚硬,没有生命,但是婚礼上既然没人吃,那又有什么分别?

"反正我们在杂物柜里也派不上用场!没有人会注意到我们还在不在!"

"这倒是真的!"

在石头先生的劝说下,蛋糕小姐鼓足勇气爬上石头先生的背脊,石头先生卯足了劲儿冲出了蛋糕店,他的轮子哗啦哗啦地滚动着,一下子就来到了熙来攘往的大街上。

4

"好漂亮的阳光!"

"好漂亮的蓝天!"

石头先生发出了阵阵惊呼。他有一个轮子是坏的,走起路来难免踉跄,但这并没有阻碍他前进的步伐,他看起来开心极了。

"高兴!"

"高兴!"

"高兴!"

他一连喊了三次蛋糕小姐的名字。蛋糕小姐也开心起来,周遭的一切都是新奇的,不管是对他还是对她,他们都没试过不隔着玻璃端详这个世界。

卖糖葫芦的小商贩吆喝着,空气里的棉花糖散发出暖洋洋的气息。

石头脸上洋溢着笑容。他侧过脸来看着蛋糕小姐:"你知道吗,你今天特别好看,比所有真正的蛋糕都更好看!"

蛋糕小姐听了这样的话,红了脸。

"真的?"

"嗯,"石头先生点点头,"真的!"

不知道是不是这样的气氛太过欢快,那一路他们都没有退缩。他们打听着那场渴望参加的婚礼,路过了好几家教堂,穿过了好几家酒店,听到了好几次誓词,每个婚礼上都有漂亮的蛋糕站立着作为见证,她们柔软芬芳,头颅高昂。蛋糕小姐为此长久地驻足,不舍移开自己的目光。

"为什么有些人天生就这样生动优雅,为什么有些人天生就可以成为真正的蛋糕?"她问石头先生。

石头先生耸耸肩:"就好像有些手推车天生轮子就是坏的!"

原来他并不是不知道自己的缺陷。

"可是,这样的手推车还是能交到朋友,还是能驮着你去参加婚礼不是吗?"他俏皮地对蛋糕小姐说。

5

举办婚礼的酒店离市区很远,蛋糕小姐和石头先生不得不走上很长一段路,最初的新奇感渐渐消失,天色暗下来,郊区的路不像市区的那样平坦。石头先生的轮子磨损得厉害,行动非常吃力,这让蛋糕小姐很忐忑:他们是否能顺利到达?到达后,是否会被接受?

为了打消蛋糕小姐的疑虑,石头先生开始和她聊天,他尽量说一些轻松的笑话,说他对这个世界的看法。他说他在橱子里的时候就注意到蛋糕小姐了,他觉得蛋糕小姐的声音特别好听,觉得蛋糕小姐比其他蛋糕都更好看。

"我没有想和她们中的任何一个做朋友,除了你!"石头先生说。

也许是为了哄蛋糕小姐开心,但蛋糕小姐真的很喜欢他说的这些话。

他们一路走,一路说。

太阳从西边慢慢落下,金色的光芒裹着云朵,夜幕完全降临的时候天空下起了雨,一开始是小的,后来变大了,这让他们的旅途变得更加艰难。

石头先生没有丝毫抱怨,仍旧咬着牙齿前行,他说话的声音变小了,因为疼痛。这世上大概没有一部手推车像他那样走过这么长的路程。蛋糕小姐希望他能停下来休息一下,可他拒绝了,他害怕一停下来就走不动。

"我们得赶在婚礼前到达!"他卖力地跑着。

路过的车辆飞溅起泥水,泥水弄脏了他们的身体,因为湿滑,他们还摔了好几个跟头。如果当时有一面镜子,他们就会知道他们的样子有多么狼狈。脏兮兮的,浑身伤痕。可当时并没有镜子,理想鼓舞着他们,他们笑着唱着。

"就要到了!"石头先生说,"你可以见证婚礼了!"

"是的,而你就是载着我去见证婚礼的手推车,你是世上独一无二的手推车!"

他们说着让彼此兴奋的话。

石头先生很高兴,他看到了外面的世界,看到了比其他任何手推车都多得多的世界,而且他能够帮蛋糕小姐完成心愿,让蛋糕小姐快乐。蛋糕小姐也很高兴,因为她将去做她梦寐以求要做的事情,她内心充满了从来不曾有过的勇气。

存在!

这就是存在的意义。

如果当时他们有手臂,他们就会给彼此一个拥抱。如果他们当时有嘴唇,他们就会给彼此一个亲吻。

胜利前的快乐让他们欢呼雀跃起来。

直到到达酒店外面时,一个污泥沟横亘在他们眼前为止。

污泥沟又深又宽,令他们完全没有想到。

蛋糕小姐看了看石头先生,她试着跨过去,但是失败了。

石头先生也看了看蛋糕小姐,他滚动着轮子,可轮子也飞跃不了这道沟渠。

大概所有的黎明在到来之前总要有一段特别的黑暗。

他们有些无措,望着那一条污泥沟发呆。

怎么会有这样的事?

到了这个节骨眼儿,该怎么办?

他们又尝试了几次,无一例外没能成功。

蛋糕小姐沉默着。

石头先生也沉默着。

他们沉默了好像有一千年那么长。

"算了,我们走吧。"蛋糕小姐艰难地做出了决定,她不想继续拖累石头先生,石头先生应该待在暖和的杂物柜里睡一个好觉,而不是身在这儿。

"不!"石头先生摇了摇头,他蹲下身体朝污泥沟跳去。

蛋糕小姐发出惊呼,只听得"扑通"一声,石头先生落入了污泥沟,污泥漫过他的脚,他的腿。

"快，从我身上跨过去，前面就是酒店了！"他朝蛋糕小姐喊。

没有人知道石头先生那一刻在想什么，他当然不会淹死，因为他不需要呼吸，可是他这样做就再也没法从里面爬起来了。他怎么会希望一辈子待在不见天日的污泥沟里呢？

"快，快一点儿！"

污泥几乎要淹没了他的脖颈，蛋糕小姐不再犹豫，侧下身体，从他头上滚了过去。

抵达对岸的时候，污泥已经完全埋没了石头先生。不过她还能听见他说话。

他说："你知道吗，你是最美的，你会成为甜蜜的婚礼蛋糕，加油！"

蛋糕小姐带着石头先生的祝福朝酒店走去，在跨上阶梯的时候整理了一下自己的容装。

她哭了，但是她从来没有像现在这样从容过。

石头先生今天对她说了三十二次"你是最美的"。

6

婚礼现场布置得很西式，但仍然能很轻易地看出简陋来，宾客寥寥，年轻的男孩儿和女孩儿站在证婚人的面前。

T型台上空出了一个小角，主办人大概没有想到这对新人居然负担不起婚礼蛋糕。

蛋糕小姐鼓足勇气站了上去。

她不知道他们会不会需要她,不知道她的出现会不会让他们的婚礼变得更完美。

这是她幻想过非常多次的场景,站在聚光灯下,作为一只蛋糕见证美好。

她深吸一口气,清了清嗓子:"嘿,你们需要蛋糕吗?"

新娘转过头来。

"那里有一只,有一只……"

理想状态下,新娘会说:"那里有一只漂亮的蛋糕!"

然后大家微笑着,婚礼在一片祝福中继续进行,蛋糕小姐也得以见证一个蛋糕应该见证的喜悦,见证他们不离不弃的美好誓言。

"你会爱我吗?就像爱这个世界一样?"

"会,我会爱你,就像爱这个世界!"

他们交换了戒指,婚礼完美收场。

然而,新娘没有说那里有一只漂亮的蛋糕,她说得是:"那里有一只,有一只……什么东西?"

一路的泥泞和坎坷使得蛋糕小姐的外貌有了巨大改变,事实上,蛋糕小姐身上有很多淤泥,最上面那一层还裂了一个大口子，没有人能认出她是一只蛋糕模型，如果站在镜子前，她甚至自己也未必能认出自己。但是很遗憾，她此前并没有意识到这一点，也没有照过镜子。

"这是什么？谁把它放上来的？"婚礼的主办人嚷嚷起来，着急地吩咐酒店的服务人员把这蛋糕抬下去。

台下的宾客窃窃私语。几个穿着红色制服的人赶忙跑到台上把蛋糕小姐抬走了，蛋糕小姐最终被放置在堆放垃圾的走廊上。她的心一点一点沉下去。

十公里的路，从清晨走到夜幕降临。这对任何一个手推车和蛋糕模型来说都是不可能完成的任务，可她没想到他们甚至都没有认出她是一只蛋糕，是一只蛋糕模型。

这世上最伤心的词也不足以形容她当时的伤心，蛋糕小姐躺在黑暗的过道里哭泣，风吹过来，凉意从心里一点一点扩散开。她哭啊哭啊，直哭到午夜的钟声响起，婚礼结束。宾客陆陆续续离开。

7

蛋糕小姐擦了擦眼泪，朝来时的方向走去，月亮很美，照在下了雨的地上，脚面一片星星点点。

她来到了那条污泥沟旁，深吸一口气，缓缓地跳进污泥沟里，坐在了石头先生的身边。

"怎么样？"石头先生小心翼翼而又难掩兴奋，"他们，他们有让你留下来吗？"

"嗯！"蛋糕小姐点了点头。

"所以，你见证了他们的婚礼了？"

"嗯！"蛋糕小姐又点了点头。

"所以，你是一只婚礼的蛋糕了？"

"嗯！"

石头先生一蹦三尺高，要不是被这泥沟束缚住，他简直会飞起来。

"我就知道，我说过，你是最好看的，你比所有蛋糕加起来还要好看！"

蛋糕小姐强忍着，眼泪几乎要夺眶而出。

当所有人都以为你是一团泥巴的时候，他却觉得你是最好看的，你比所有其他的蛋糕都好看。

"你开心吗？"

"开心！"

蛋糕小姐依偎在石头先生身边，看太阳一点一点从地平面上升起，它红彤彤得像一只甜蜜的饼。

邮递员之死

1

"人们把周而复始地推着巨石上山的西西弗斯视为被惩罚的对象,殊不知,其实每个人都身处在这样的惩罚中。重复的荒诞构成了生活,尝试在荒诞中寻找意义,构成了更荒诞的生活。"

邮递员在辞职信上写下了上面这段话后,大摇大摆地走出了邮局。

他对送信的日子充满了厌倦。

生活用无意义戏弄着每一个人,而邮递员打算跳脱它的安排,报之以戏弄。

他来到海边,买了一艘小船,驾着小船出了海。

听起来,像是要进行一场不错的旅行,而事实上,并非如此,这不是旅行,这更像是一出计划好的自杀。邮递员在平静而安全的街道上穿梭,生平从未和一望无际的海洋打过交道。

荒唐所在,也就是如此。

他为自己寻来的目的地是大海。

所有认识邮递员的人都说他疯了。他会断送掉自己的性命。

可邮递员主意已定,做命运手下的西西弗斯不是他想要的,西西弗斯得以永生,而人类最终逃不过死亡。既然如此,为什么不选择自己的死亡方式?

邮递员带着渔具,上了小船,成了那艘船上唯一的船员兼船长。

海上和预想的一样,太阳暴躁热烈,晃动的船身让人头昏脑胀,在最初的一个星期内,邮递员什么也没有打到,船上的干粮和罐头已经吃光,他又遇上了风暴。

"来吧,"他在船头朝着天空怒吼,"让风暴来得更猛烈一些!"

他像一个叛逆的少年，放下桅杆，朝着海洋深处驶去。有好几次，巨浪差一点儿就掀翻了他的小船，但鬼使神差地，最终又逃脱了险境。

风浪持续了三天三夜，邮递员和风浪搏斗了三天三夜。

这实在是一件磨人意志和消损体力的事情。

热情在一次又一次的呐喊中消耗着，搏斗的过程远没有想象中令人澎湃。

当风暴平息，阳光照在邮递员脸上时，丝毫看不出胜者的喜悦，他饥肠辘辘地朝海里撒了一张网。

又累又饿，只想吃一顿饱饭。

做抗争者并不容易，生活随时都能用它的方式教训你。

网里很快钻进了一只鱼。

邮递员捧起鱼，露出笑容。

然而鱼看着他，开口说起了话："好心的人儿，我误入了你的渔网，可是我并不想成为你的盘中之物，如果你将我放回大海，我会给你更好的回报！"

邮递员从没见过会说话的鱼，他不稀罕回报，但吃掉一条会说话、有思想的鱼看起来像是犯罪。

犹豫再三，他最终叹了口气："算了，你走吧！"

他忍着饥饿，将鱼重新放回大海里。

大鱼朝他鞠了一躬，转身离开。

他又在海上坚持航行了五天，靠牡蛎和扇贝打发日子。

夜晚的星空不再辽阔，海风里透着孤独。无聊和寂寞让他渴望再来一场风浪，但大多数时候海洋只是静得可怕，他升起桅杆，撒网，掌舵，每天如此。

逃到哪里也逃不过西西弗斯的命运，这是一个太令人沮丧的发现了。

邮递员喝光了全部的淡水以后，决定启程返航，他没有给生活以戏弄，相反，生活用另一种方式重新戏弄了他。

他很失落，憎恶自己没有过人的勇气。

"就这样吧！"上岸的时候，他叹了一口气，这样对自己说。

2

人们纷纷庆贺邮递员的归来，他被描述成一个冒险家、一个天生的航海者，他的行为被赋予了理想化的意义。最初的几周，还有媒体采访他，采访他为什么放弃一切去海上航行。

邮递员不知该怎么回答，记者便拿着写好的纸条让他照着念："对生活意义的拷问，让我放弃了工作，到海上航行！"

他因此还能挣一点儿钱，当然，随着采访的减少，钱也挣得越来越少，人们开始渐渐忘记曾经有他这么一个人。他不得不重新寻找工作。

由于缺乏职业技能，邮递员的大多数简历被束之高阁，于是兜兜转转一圈，他不得不又干起了老本行，重新成为一名邮递员。

这年头，写信的人很少，他穿梭在大街小巷，送出去的多半是公函。有法院的，有政府的，有报刊杂志的。它们很少能给人带来惊喜，这更加令他觉得自己的工作没有意义。好在所有的工作拷问到最后一层，都是没有意义的，这不再令他沮丧。令他沮丧的是生活里说不清的变化。

心灵上他早已放弃了抗争，这没什么可提的，然而在生活中，他觉察出有些东西不一样了。不是形而上的不一样，而是真实的改变，他的脑海里常常闪过一些画面，预示着即将发生的事情。他和人们就此交谈，人们表示也有同样的既视感，可他知道不是的，他们的感觉都不像他这样强烈和明显。他在过马路时"看见"一辆漆成绿色的轿车撞死了一个小孩儿，十五分钟后，这辆绿色的轿车果真出现在他眼前并撞死了一个小孩儿。他在书店里"看见"一个店员和一个女顾客偷情，半个小时后，那两个人在书库里被人们逮到。他甚至还能预知足球比赛和篮球比赛的结果，预知赛马与福利彩票，只要他想"看"，他就能"看"到。

他怀疑自己病了，怀疑在海上航行的时候吃进去的牡蛎和扇贝里有寄生虫钻进了大脑，那些寄生虫让他产生了自己是个先知的幻觉。他甚至去医院做了全套的扫描检查，可检查的结果是，他一切正常。

一个正常的人怎么能看到未来？

他想不明白，想来想去，想起了那只会说话的鱼。

他让那只鱼回到了大海，鱼说要给他一些更好的回报。

如果那不是他的幻觉，那么一只鱼既然可以说话，一个人为何不可以预知未来？

他松了一口气，那是大鱼给他的回报

他对着电视里的比赛试了试身手，百无一失。

他先是想用这个能力让自己变得富有，买很多一直渴望却又负担不起的东西，环游世界，但他接着又想，有了钱，买了东西，环游世界之后呢？接着挣钱，再买东西，环游世界吗？

他将再次陷入循环。

事实上，人类永远无法逃脱西西弗斯式的命运，认为生活有所不同不过是自我欺骗和不自知。

邮递员没有用这一特异功能为自己谋利，却小心翼翼地掩藏着，继续过着走街串巷的邮递生活。有时候他也会去"看看"那些令他好奇的人。当然，大多数人的生活是无聊的，是不值得窥视的。他越来越少地使用这个能力。很多时候，他甚至都忘了自己还有这个能力。

3

事情的转机出现在一次奇怪的送件中。他在这个片区工作了十年，从来不知道还有那样一个地址，所有的信都送完了，除了那封。他找了很久，在一个从未走进去过的小巷子里找到了一座低矮的平房。若不是里面亮着的橘色小灯，他简直怀疑这样的地方可以住人。

"咚，咚，咚。"他鼓起勇气敲响了房门。

"我是邮递员，请问里面有人吗？"

一阵细碎的脚步声传来，门"吱"地一声开了。

是一个女人，她头发有一些凌乱，但抬起头的那一刹那，邮递员就怔住了。他从来没有见过那么漂亮的女人。略显憔悴的面色和低矮的房子只是凸显了她独特的美，她穿着一件宽领的睡裙，领口斜下来，若隐若现地露出小半个肩膀。肩膀窄窄的，薄薄的，好像一捏就会碎掉。

邮递员看了好一会儿才回过神来。

"您，您的信！"

女人低下头，接过信，往房间里走去。

信是从国外寄来的。

收信人那行用中文写着两个小字：梅子。

邮递员细细品味着这个名字，觉得再没有比它更配她的了。

这样好看的女人就应该叫梅子。

他转身离开，然而，女人的形象长久地在脑海里盘桓着。

这是谁的信，她拿到信后会做什么呢？

他用自己的能力看了她，他看见她坐在床沿上打开了信件，信件的内容似乎不大好，她读完后开始哭，她先是坐着哭，后来又躺在床上哭。她哭了很久，眼睛变得有些浮肿，哭着哭着，忽而又不哭了。她擦干眼泪，站起来，走到厨房打开了煤气。她的脸上有一种悲壮的镇定。邮递员吓了一跳。他知道这种表情，她不想活了，他看见的是这个女人生命的最后一程，她正在结束自己。

"不！"他慌张地叫起来。

他不知道应不应该介入他所看见的未来里。

生存有什么意义？死亡对很多人而言才是真正的解脱。

可即便这样，他还是想要救她。

生活哲学在生活面前不值一提。

他犹豫着，在大街上来回踱着步。他犹豫了很长一段时间,最终还是朝着女人的住处跑去。

他不希望她死掉,然而因为犹豫,在他破门而入的时候,女人已经陷入了昏迷。

他把她送到医院,然后坐在走廊上,等待抢救室里的结果。

他埋怨自己不该犹豫。

抢救进行了整整一夜。

清晨太阳出来的时候女人才苏醒。

鬼门关上走了一遭,女人的表情却异常镇定。

"你为什么要寻死呢?"邮递员问。

她没有回答。

"你有什么亲戚朋友吗?"邮递员又问。

她还是没有回答。

医生说她情绪不稳定,最好能留院观察几天。

邮递员点了点头。好容易从死神手里抢了回来,可不能再送出去。他开始照顾她。给她做饭。每天送完信件,就到医院陪她。

他怕她闷,拉她出去散步,一开始只是在近处走一走,后来走得累了,他就用自行车载她。再后来,他想起从前送信的郊外有果园,那里可以摘树莓,可以看果农们晾柿饼,去那儿

我的思念，没有思念可比

一直都知道你不爱我，你爱的是你的遗憾和怀念

对她的健康一定有好处，于是他干脆又弄来一部小车。

车挺漂亮，花了不少钱，好在他并不需要担心钱的事情。他能预知未来，轻而易举就能挣到钱。

倒是她显得颇为惊讶："你是个有钱人？"

他笑起来，不知道怎么回答。

她的话渐渐多了。他们一起摘树莓。周末坐着小船去海边。

出院以后，他为她租了一间宽敞明亮的房子，说是住在棚户区，心情怎么会好。

这是他生平第一次没有考虑意义这件事情。生活变得有什么不同吗？仔细想想，还是没有，人类永远是命运手下的西西弗斯，但问题的关键是，他根本不再思考这些。他过得充实且快乐，下了班就同她约会，给她带不同的礼物，恨不得能为她买来整个世界。

让人心甘情愿在荒诞里前行的，其实是爱！夜深人静，邮递员躺在床上，忽然有了新的领悟。

4

邮递员决定向梅子求爱，他跑了大半个城市，找到一家二十四小时营业的花店，买下了花店里所有的花：绿色的非洲菊、黄色的向日葵、蓝色的鸢尾,还有玫瑰和百合。

他让人用这些花拼成了女人的笑脸。

笑脸并不特别像梅子,毕竟是用花拼出来的,但他还是非常满意。

凡俗的感情总会让人做出凡俗的事。他带着花去了梅子住的地方,红着脸,向电视上那样单膝跪地:"梅子,你愿意做我的女朋友吗?"梅子愣了一下,也许是这一刻太过戏剧性,梅子的脸上并没有浮现出期待实现了的喜悦。相反,她的眼神有些犹疑。

她应该知道他喜欢她的,如果他不喜欢她,怎么会对她这么好呢?那么她在犹疑什么?邮递员几乎忍不住去窥探事情的结局,好在他最终还是忍住了。

生活总归需要一点儿神秘感。

他忐忑地等着梅子开口。

愿意或者不愿意,梅子好像想了一百年那么长。

邮递员几乎就要放弃,梅子终于发出"嗯"的一声。

她没有说愿意,有点儿勉强的样子。

不过,邮递员仍旧非常快乐。

当你爱着一个人,你自然希望这个人能在同样的方向上给予回报。邮递员抱着梅子转了好几圈,又执意拉着她去吃烛光晚餐。

吃饭的时候，梅子几次欲言又止，最后一道甜点端上来时，她终于握着邮递员的手："我需要一笔钱！"

她说得很轻，但眼神非常坚定，以至于邮递员都无法说出"不"这个字。

"多少钱？"

女人伸出了三个手指。

"为什么？"

她摇摇头。

那不是一笔小数目，何况她连原因也不肯透露，邮递员大可以拒绝，但是奇怪的地方就在这里，有些人是你永远无法拒绝的。

邮递员点了点头。

送梅子回去之后，他没有立刻回家，他开始赌马，在牌桌上玩二十四点，天亮的时候终于换得了梅子需要的钱。

他把这些钱送到梅子手中。

"喏，给你的！"

梅子接过钱，眼神有些躲闪，却装出轻松的样子。

"你是个有钱人！"

邮递员摸摸后脑勺，笑了，还是不知该怎么回答。

5

那以后，梅子每隔一段时间都会找邮递员要一笔钱，这钱没有多到让邮递员感到为难，但也绝对不是一笔很小的数目。

她从来不说要钱做什么，他也从来不问。

他喜欢这种感觉。

完全的信任与毫无保留的给予，让人有一种为爱奉献的投入感。事实上他大概知道这笔钱的去向，梅子每次拿到钱都会去银行汇款，她在汇款单上写下一个男人的名字，那个男人在国外，他猜测就是他最早送信时，写信的那位。

他不知道他们是什么关系，旧日情人亦或姐弟父女？根据不同的猜测邮递员总会构思出不同的情景和故事：身患绝症的胞弟、欠下赌债的父亲、染上毒品的前任……他有时候会觉得，那个男人和梅子的关系比他和梅子要亲密得多。

她为他自杀过，而他呢？她会为他自杀吗？

想到这里他觉得嫉妒，然而奇怪的是，越是嫉妒，他就越离不开她，越想要取悦她。人类其实从来都不是有理性的生物，人类的理性只是创造出来为感性服务的。

上班下班、靠博彩挣钱，生活并没有比从前少一些单调，却甘之如饴，他把脸埋在她的发间，对她说，谢谢。

她问，谢什么？

他回答，谢谢你带我进入了真正的生活，真正的人间烟火。

她不言语。

他从口袋里掏出一枚戒指。

筹划了很久的求婚，因为没有把握而迟迟未能成行，那一刻却脱口而出。

"其实我想和你这样过一辈子。"

说完有些后悔。

他想，她大概会拒绝或者推托，毕竟她从来没有对他表现出过多的热情和爱意。她说，你让我想一想。

他点点头。

就这样，想了三天，不同他见面，也不同他联系。

第三天下午，她撑着一把阳伞到了他的住处。

"我想好了，我愿意！"她说话的时候不看他的眼睛。

他把她抱进怀里，眼泪几乎要夺眶而出。

他从来都猜不透她的心思，可那样却令她更加迷人。

他们当天就去看了新房，如她所愿，新房宽敞漂亮。

他们住到了一起，她一改冰冷冷的态度，包揽了全部的家务，给他做饭，为他洗衣，像怀着什么歉意。

他问她什么时候可以办婚礼，她说等一切都采购妥当。

他给她买了珠宝项链，把存款放到两人共同的名下。

她说谢谢。

夫妻之间说这些干嘛。

她流下眼泪，他不明白她哭什么，抚着她的背。她哭了一会儿，带着讨好似的口吻说，婚礼结束后，她想去意大利！

意大利？

邮递员的心怔了一下。

意大利是那个男人寄信过来的地方。

他假装不知道，她说那里风景如画。

6

那天，邮递员早早地入睡了，睡梦中他遇见了那只会说话的大鱼。

他问大鱼："我就要结婚了，你不为我高兴吗？"

大鱼摇摇头转身游走。邮递员对它表现出的态度有一点儿不满，起身去追。

大鱼游得越来越快，邮递员的船也跑得越来越快。一个浪打过来，海面上涌起巨大的漩涡，船掉进了漩涡里，邮递员跳船逃生却被卷到了更深的海底。

他惊叫着醒来。

梅子不在身旁,客厅里传来窸窸窣窣的声音。邮递员起身去看,是梅子在打越洋电话。

"过几天我们就可以见面了,你要小心!"她对着电话说。

邮递员慢慢回到房间,躺在床上,他闭上眼睛,琢磨着他想琢磨的一切。

他看见了意大利,看见了一个英俊的男子,男子迎面走过来,他望着梅子,梅子也望着他。邮递员突然觉得胸口一凉,一把锋利的匕首插在了他的身上,他慢慢倒下去,视野里出现一家关了门的店铺,店铺上写着意大利文,看不明白是什么意思,梅子扭过头去,英俊的男子嘴角露出一个说不清道不明的微笑。他在邮递员的包里翻找着什么东西,随即拉过一直不敢再回头的梅子离开了邮递员。

他们的背影越来越模糊,越来越模糊,最后变成白茫茫的一片。

邮递员的眼角划过一滴眼泪。

他看见了未来,可惜,他还是没弄明白那个英俊的男人和梅子到底是什么关系。

他发出一声长长的叹息。

"你怎么了？"梅子走进房间。

"没什么！"邮递员回答。

7

他们仍旧结了婚。登记时，工作人员问梅子："你是自愿的吗？"

梅子点点头。

工作人员又问邮递员："你是自愿的吗？"

邮递员也点了点头。

婚礼后第二天，他们乘飞机去了意大利。

途中两个人都没怎么说话，梅子看着窗外，邮递员要了一杯橙汁。

"对命运施予的嘲弄最高贵的反抗是执着地走向终结。"下飞机的时候，邮递员对梅子说。

梅子不明白什么意思，邮递员也没有解释，他轻轻拨了拨梅子的头发，落下一个吻。

"我爱你！"

猫

1

我坐在电脑前已经整整两个小时,可是一个字也没有写出来,这令我非常焦躁。每到这时候,我就会怀疑,我可能再也写不出什么东西。墙上的吊钟坏了,依旧发出嘀嗒嘀嗒的声音,却总在同一个格子里摆动,我终于心烦意乱到决定站起来,去抽一根烟。

阳台上,光线正好,角落里,一个月没浇过水的仙人球仍然碧绿,仙人球的后面放着一包红塔山,我习惯把香烟放在那里,既不至于被太阳晒坏,也不至于抽的时候污染到室内空气，我把它拿起来，分量轻得有点儿奇怪，伸手进去拨弄，发现里面竟然一根香烟也没有了。如果我没记错，我是昨天晚上才刚买的它，我只抽了一根，也许两根，但最多不超过三根，可是现在一根也不剩了。

谁？谁动了我的香烟？

我警觉起来，这似乎意味着有小偷曾光顾过我的家，我环顾了一下四周，确信自己并没有丢什么东西。事实上我也没什么东西可丢。除了拥有我自己，我几乎一无所有。我犹豫了一下，决定不再追究这件事。

我的记性不好，想不起很多东西，想不起去年这个时候我在干吗，想不起前年的这个时候我在干吗。我并不把这简单地归结于健忘，生活中的事纷繁芜杂，它们一股脑儿塞在我的脑袋里，塞得太紧，以至于提取的时候非常困难。

我把空了的红塔山盒子扔进垃圾桶，我用这个理由说服了自己，也许是我忘了昨晚自己已经把这包烟抽光了，又或者昨晚我根本没去买过什么烟。

我换了一件裙子，穿上一双拖鞋，走出房门。

空气难得清新，天上有不少星星，我没有花什么时间欣赏它们，只想赶快买好烟，回家。我已经有两个月没有收入了，这让我的生活捉襟见肘。

"你好，一包红塔山！"

店主从烟柜里拿出香烟，他抬起头看了我一眼，似乎对一个女孩子独自出来买烟不太满意。

我索性当着他的面抽了起来，缓缓吐出一口气，这才意识到他的样子并不是我熟悉的那个店老板的样子，可似乎又在哪里见过。

"换老板了吗？"我问他。

他并不回答我。

我狠狠吸了几口，把烟蒂扔在地上，烟蒂被踩灭的那一刻，我心里涌起一股异样的感觉。

除了焦躁，我已经很长时间没有过其他的感觉了。

说不上为什么，我甚至无法确切地描述这种异样的感觉。

匆匆忙忙回家，趴在椅子上睡着了，梦见了很多乱七八糟的事。梦见我的前男友，梦见我曾经辉煌的那一阵子，梦到最后，画面里出现的是被我扔在宠物医院的那只猫的脸。它看起来很痛苦，我一下子就醒了。

我有一点儿内疚，当然，只是有一点儿。

2

我曾经有一只猫，我养了它十年，从未让它挨饿受冻过。

第十个年头里它的腹部长了肿瘤，我抱着它去看医生，医生帮我算了一笔账，说检查费和治疗费加起来要上万元。对处于人生低谷的我而言，别说上万，安乐死的几百块都舍不得拿出来。我又把它抱回家。可是它夜里嗷嗷直叫，不肯消停，我猜它是疼的，长了个肿瘤能不疼吗？可这样一来就搅得我没法睡觉了，是的，我首先想到的是我自己没法睡觉了，于是我又把它带到了宠物医院门口。

不是为了治疗。

那是前天凌晨五点多的事情，天上还有星星，我把它放在地上，它就那样看着我。它扯着嗓子叫，喵喵喵，越叫越大声，怪瘆人的。我走了，走得有些远了，它就一瘸一拐地追上来。我又把它抱回去，它又追上来。第三次以后，它摇摇晃晃的，终于站不住，一头栽在地上。它就那样看着我，我把眼睛移开，快步离去，它终于没能追上我。我长长地舒了一口气。

也许好心的医院会给它做免费治疗，也许出于人道主义，医生会给它一点儿药，对它施行安乐死，也许没有人管它，不论哪一种都比待在我身边强，我受够了它没完没了的呻吟，受够了它的存在。

我不是冷血，只是烦，烦得控制不住自己。如果你和我一样，恐怕你也会觉得烦。

我还是写不出什么，决定下楼走走。已经入冬了，空气里泛着凉意，我慢慢踱步到楼梯口，突然踢到了一个软软的东西。

"嗷！"一声奇怪的叫唤。

开灯一看，楼梯拐角坐着一个小女孩儿，穿着花衣裳，瑟瑟发抖。

"对不起！"

我打算绕过她，可是她却抓住了我的衣服。

"天好冷，阿姨，能让我去你家暖和暖和吗？"

我皱了皱眉，正要拒绝，可是不知道为什么，她的眼睛让人很难开口说不。

"你的爸爸妈妈呢？"

"他们上夜班还没回来，我没有带钥匙。"

我犹豫了片刻，同意了小女孩儿的要求，我带她回到家里，她捡起沙发上的暖水袋，熟悉地插上电。

我看了她一眼，那个暖水袋是以前那只猫咪最喜欢用的。

"能用吗？"小女孩儿问我。

"没事没事，用吧！"我继续坐到电脑前工作，她坐在沙发上眯着眼睛，无声无息的样子倒还真是像一只猫。

一直工作到十二点，关上电脑时才想起来，她还在沙发上，好像睡着了。我悄悄走到她身边，被她喉咙里发出的声音吓了一跳。

"咕噜咕噜咕噜……"这是猫科动物特有的声音。

她睁开眼,伸了个懒腰。

"我睡着了!"

"现在是十二点。"我指了指墙上的挂钟,但是显然它已经停了。

"这个点你得回去,你家住哪里?"

她的眼睛转了一圈。

"我能在你家过夜吗?我的爸爸妈妈要上一整夜的班!"

"不能!"我这次很坚决。

如果没有刚才那一幕,我也许会同意,毕竟她只是一个不到十岁的小女孩儿,但她喉咙里发出的呼噜声,让我有点儿发怵。

说起来兴许好笑,我对这个世界持着不可知的态度,从不排斥神秘主义。我觉得她有一点儿……有一点儿……说不上来的味道。

我直接打开房门,推搡之下,她身上掉出了几根香烟,我捡起来,只见香烟上赫然写着:红塔山。

我心里一怔,将她带到门外,关上了房门。我脑海里有一个荒唐的念头,当然,我并没有把它说出来。

我努力用理智克制自己,然后洗漱,上床睡觉。可迷迷糊糊睡到一半，却又被一阵窸窸窣窣的声音吵醒。

那是猫在夜里进食的声音，就像往常一样。

我一开始并没反应过来，然而我忽然想起，我已经没有猫了。我迅速爬起来，瞥见厨房里的猫罐头掉在地上，一个黑影从窗边闪过。我没看清楚那个黑影是什么，可我脑海里总浮现出那个小女孩儿的样子。我走到阳台，想点根烟让自己平静下来。不出所料，红塔山的盒子再次空空如也。

我身上泛起了一层鸡皮疙瘩。

3

我知道自己心里的想法很疯狂，可是我真的没有办法克制住。我抛弃了我的猫，然后一个小姑娘夜半出现在我家门口，小姑娘发出猫科动物的声音，还偷了我的香烟，吃了我放在家里的猫罐头。

我觉得我快要疯了。如果我没疯，就是世界疯了。长久以来积蓄的孤独感袭来。

我必须打电话和什么人说说这件事，我掏出手机，翻了一遍通讯录，这才发现，我好像根本没有什么朋友。

人不可能一生下来就有朋友，但也不可能从来都没有朋友。

仔细回忆起来，我曾经有过不少朋友，后来他们消失了，他们不是一下子消失的，而是一点一点，一个一个地慢慢消失的。

我辉煌的时候，消失了一批朋友，我落魄的时候又消失了一批。我的前男友骗了我一笔钱离开后，我再也不相信任何人。我已经独来独往好几年了，眼下的事的确没有一个人可以说。

我想来想去，最终还是拨了一个编辑的电话，除了工作伙伴，我的手机里已经找不到其他人的号码。电话足足响了九声才被接起，我几乎都要挂断了，她大概并不想接到一个早已写不出什么东西的作者的电话。

"你好！"

"是我！"

电话那头沉默了一阵。

"你网络坏了吗？"

"不，我有事想和你在电话里说！"

"你说吧！"

"你知道我养过一只猫吗？"

"嗯！以前听你提起过！"

"我把它扔了！"

"什么？"她语调提高了八度，几乎不能相信的样子，"你为什么要扔掉它?"

"因为它生病了!"

电话那头陷入了长时间的沉默,她一定紧皱着眉头,大概对我连一点点好感都没有了。人真是奇怪,我被前男友骗了一大笔钱,穷困潦倒,没有人过问,可因为丢了一只负担不起的烦人的病猫,就要遭到谴责。

不过是一只猫而已。

我也沉默着,两个人拿着电话,谁也没吭声。片刻,她终于打破了沉默。

"然后呢,你想和我说什么?"

我叹了口气,尽可能让自己听起来可信:"我知道你会觉得我疯了,可是我相信我的判断,它回来了,确切地说是它变成了一个,一个小姑娘,她也许想要报复我!"

电话那头犹豫片刻:"如果你在写故事的话,听起来还行!"

"不,我说得是真的!"

"太荒唐了……"

我努力组织语言:"你听我说……"

我从香烟丢失,到掉在地上的猫罐头,事无巨细,和盘托出。

她当然还是不相信。

"哪怕你说的都是真的,也有无数种解释:一个普通的小姑娘,她的确忘带了钥匙,或者她离家出走,她身上有烟并不是多奇怪的事情,再有,你甚至没看清楚偷猫罐头的黑影究竟是什么,谁知道那会不会就是一只野猫?你有这样的想法只是因为你内疚……"

"可是……"

"可是什么?"

如果我再说这是我的直觉一类的东西,她大概真的会把我当成疯子。

"没什么,谢谢你听我说这些!"

"不客气!"

我挂断了电话。我不知道自己怎么了,我想静一静,可是我却静不下来。

门外这时又响起了砰砰砰砰的敲门声。

"谁?"

没有人应答,敲门声变成了爪子的刮擦声。

我不敢开,坐在沙发上一动不动。

我觉得自己很可怜。

我没有钱,没有朋友,这世上没有一个人关心我,没有一个人爱我,我可能疯了,被一只猫逼疯了,也可能没疯,但不论我是疯了还是没疯,倘若死在这个小小的公寓里,都不会有人知道。我不相信一切,我憎恶着一切。我麻木不仁地过日子,不记得自己昨天做了什么,不记得上一分钟做过什么。我守着我的笔记本电脑,写不出任何值得一提的东西。我好像早就已经死了。

我哭起来,门外的声音渐渐小下去。

我又哭了一会儿,擦干眼泪,打开了门。

门口站着的依旧是那个小姑娘。

"你想做什么?"我问她。

她非常诧异地看着我,似乎不理解我为什么会问出这样的问题。

我觉得我认得那双眼睛。

"我知道你是谁!"

小姑娘摇摇头:"我,我是谁?"

"你是猫!"

小姑娘笑起来,笑了一会儿又不笑了,声音变得有些轻:"我好久没看见那只猫了,我知道你把它扔了,因为它吵着你睡觉。"

我心里疼了一下,想要解释一些什么,但又解释不出来。

"你担心它回来找你吗?"

我没有回答。

"它如果回来找你,一定不是为了别的,而是因为它想你了,想回来看看你,和你说再见。"

小姑娘冲我摆了摆手:"楼下的小卖部关门了,爸爸让我来借些盐巴,我就住在隔壁,再见!"

我还没有反应过来,她就消失在了楼道的尽头。

第二天清晨,阳光把我叫醒,我跑到宠物医院门口。谢天谢地,它还在那里,坚强地叫着。我心里好像有什么东西,在一点一点地活过来。

预知死亡

1

那是一只不祥的猫。

浑身黑色,一双亮绿的眼睛在夜里发光。

没有人知道它从哪儿来,也没有人说得清它是什么时候来的。它从不翻垃圾,不吃别人的食物,口渴了就到水房喝水。它很聪明,懂得如何扭开水龙头。

十年前,我刚到这家医院工作,就常常能看见这只猫。它隔三差五来病房里"散"步,巡视着病房里的病人。有时候它会跳到某个病人的床上，静静地注视着他，直到查房护士将它赶走。而那些被它注视过的病人，总会在当天晚上去世。

大家给它取了一个名字叫 Death，死亡或死神的意思，我喊它戴斯。

我倾向于认为，一切不过是巧合。我们只记住了那些死去的病人，却忽略了它注视过的并没有死去的病人。

为了说服其他同事，我还特地做了一个统计：一个星期我上班六天，休息一天，值夜班一天，一个月三十天，一年三百六十五天，我统计了整整半年。不过统计结果并没能支持我的看法。半年里戴斯一共到访了七十八次，每一次到访都有人去世，它从未注视过那些仍然健在的病人。

我尽量找一些符合我信仰的理由，比如死亡的人身上会散发出一些特殊的气味，比如这和量子物理有关，比如猫根本不是一种三维生物。然而时间长了，解释也就变得无关紧要了。它和我们之间有了默契，只要它出现，医生和护士就会做好急救和通知家属的准备。大家默许了它的存在。直到这两年，病房改成了临终关怀院为止。它来得越发频繁，家属们也渐渐发现了它和死亡之间的联系。

哪怕这是临终关怀医院，也没有人希望自己的亲人去世。戴斯就这样成了这里最不受欢迎的人。大家一看见它就皱起眉头，好像它不出现人们就能得到永生。

医生和护士同它的默契没有了，在病人家属的影响下，他们也开始视它为不祥之物。

我觉得它可怜，便常常让它躲进我的休息室里。

我从不相信猫能制造死亡，它充其量不过就是个死亡的发现者。

可同事们却频频提醒我，少和戴斯待在一起。

"它是一只，一只邪恶的猫！"他们如是说。

"这世上哪里有比人类更邪恶的生物？"我半开玩笑地回应，"生老病死寻常事，却非要怪罪到一只猫的头上。"

2

戴斯很通人性，见我对它好，便慢慢和我亲密起来，它不再形单影只，总喜欢跟着我。除了履行"探视病人"的义务，几乎是我走到哪里，它就跟到哪里，它甚至有好几次跟着我回了家。

我这个年纪的人大多有了家庭，有些还早早地就当上了父母，大家都忙得团团转，难得相聚，这也使得我工作之外的生活有些苍白，而戴斯的陪伴成了很好的弥补。

我喜欢它跟着我回家。一到家里，它就会收起那副严肃冰冷的面孔，变得像一只真正的家猫。它会慵懒地爬到餐桌上偷吃我的披萨，会叼走厨房里的冻鱼，会追逐地上自己的影子和毛线球。我喜欢在晚饭后逗弄它一会儿，而当我想安静下来阅读或者休息时，它也总能端着手眯着眼睛坐在一旁，从不打搅我。

在单位它甚至也开始表现出对我的亲昵，时不时走过来蹭我的脚和腿，这终于引起了病人家属的注意，我不得不向他们承认我收养了戴斯。

"其实它在家的时候并不像平时那样严肃，它是一只有趣的猫。"

我希望能改变人们对它的看法。可结果并没有那样容易。

人们一致认为，如果戴斯是我的猫，那么我应该看好它，不应该让它到这儿来。

这个要求倒不算过分。

为了避免戴斯受到伤害，我其实也乐于把它安置在家里或者医院的休息室，然而莫名其妙的是，不论我将门锁得多么牢固，它总能雷打不动地出现在垂死的病人的身旁。

没有一次例外。

就像死亡有什么魔力一样，它对死亡充满了着迷。

我不知道它是如何从紧锁的门窗里出来的。我也无法阻止它。

因为我和它的亲密关系，我甚至总能比别人更早地发现死亡。这让我很快也成了不祥的代名词。

病人家属们渐渐地不再亲切地叫我林医生了。每次轮到我值班或查房，病房里总有一种可怕的沉闷气氛，家属们注视着我，似乎生怕我在谁的床前多停留一会儿。走廊上遇见，也是匆匆而过。

临终医院的医生能发挥的作用实在已经很少，我不能带来希望，却因为那只猫的缘故成了被孤立的对象。

我有点儿失落，不过，好在我本身也不是一个喜欢社交和热闹的人。这样的处境倒让我更能够堂而皇之地和戴斯待在一起，无需避讳家属。

我们变得更加亲密，一起上班，一起下班，一起吃饭。我还带着它去动物医院做定期的体检，在那里我认识了一个有趣的姑娘，她的名字叫娟子。她看见戴斯的第一眼就露出了惊喜的表情："好漂亮的黑猫！"

"你不害怕吗？"

"害怕？"

"它是一只黑色的猫！"

"不，我喜欢黑色的猫！"

她的表情、她的语气、她透露出来的那种对荒唐念头不屑一顾的自信,都让我非常着迷。我要了她的电话号码。

当天晚上就约她出去了。

3

现在想来,我和娟子的相遇应该归功于戴斯,可在过去很长一段岁月里我从未这样想过。

我们的约会非常成功。

大概人到了三十岁左右,都会经历一个奇怪的婚姻盲从期,你总觉得你该结婚了,不管找个什么人,总之火急火燎地想要和大家一样钻进婚姻里,机缘巧合错过了:一年,两年,三年,四年……到了三十五,一切又变得缓慢下来,你开始怀疑自己可能一辈子也不会有什么人陪伴,并且也不再期待什么人陪伴。

我那时候三十六,根本没有想到还能遇见娟子这样的女人。她聪明、成熟、独立,与我年龄相仿。我几乎在和她交谈过后的那一瞬间就坠入爱河。心潮澎湃的感觉一点儿也不亚于十八九岁的少年。

缘分是一件奇妙的事,我们好像认识了很多年,又好像每天都是新认识一般。我们花大量的时间腻在一起。我们躺在草地上聊天。我们在电影院里接吻。我们探索彼此的灵魂和身体。

她有时候会来我的单位找我。她很快发现,我是个受到孤立的人,她问我为什么他们总是躲着我,我告诉她都是因为戴斯。

戴斯常常流连于那些将死的病人床前,它光顾过的病人,总是活不过当晚的十二点,人们视它为不祥,而我收留了它,总是第一个发现死亡,所以,我也成了不祥的代名词。

娟子的眼睛瞪得滚圆滚圆。

我以为娟子会对戴斯的能力表示惊讶,没想到娟子愣了片刻笑起来,这笑多少让我有些尴尬,可我很快也被感染了,我开始意识到这是一件多么荒谬的事情:它偷吃披萨,叼走冻鱼,打针的时候吓得直哆嗦,而他们却认为它是死神。

我跟着娟子笑。那原本的一点儿郁闷和失落一扫而空。

有些人就像具有某种魔力,轻易就能拆穿旁人不敢触碰的东西。娟子就是这样的人。

平静下来,我望着她,她的眼睛闪耀着光芒。

"我爱你!"我第一次对她说出这三个字。

"我也爱你!"她回答我。

我们度过了一段非常甜蜜的时光。

4

戴斯和娟子一直算不上亲密,有时候娟子会开玩笑地喊戴斯死神,戴斯则傲娇地看娟子一眼,又自顾自地走。

娟子说:"死神不爱我,我会长命百岁。"

她喜欢说这样的笑话。

我去出差,把戴斯交给娟子照顾,让娟子帮它换换粮食和猫砂。可我没想到第二天夜里会接到娟子的电话,她说戴斯失踪了。

我安慰娟子说不要紧,戴斯总是有些神出鬼没,可娟子说,不是的,我走的那天晚上戴斯就没有回来。她找了一夜,等到今天实在是忍不住才告诉我。

她的语气里充满了内疚。

家里的门窗奈何不了戴斯,我知道,这不怪娟子,可是它两天都没有回家并不寻常。

我问娟子是否有到临终关怀医院看过。

娟子回答有,临终关怀医院的人都没曾看见戴斯,这两天也没有病人去世!

我尽力安抚娟子,可心里却有些不安,甚至后悔。戴斯不愿意同娟子待在一起,我是知道的,戴斯年纪大了,身手也没有从前灵活,这样任性跑出去,可能被车撞着了,可能被坏人抓走了,可能……

为什么我要托娟子照顾它呢?

我急急忙忙赶回来,期待着能看见戴斯。

可我等了一天、两天、三天，整整半个月，也没能见到戴斯的身影。那半个月里，临终关怀医院一个病人也没有去世，几乎创下了开院以来的最高纪录。

有时候你简直疑惑到底是戴斯带来了死亡还是死亡带来了戴斯，这二者之间谁才是因，谁才是果。

我几乎放弃了等待，我想它大概已经离开了。可我没想到，我值班的那天晚上三号床的病人生命指标会出现波动，医生下了病危通知，片刻后，戴斯奇迹般地出现在了床头。它动作轻缓，没有一点儿声音，不知从哪儿来，也不知要去往哪里，就像另一个世界的生物，它用一种温和的目光注视着老人。

老人的眼睛亮了一下，随即安详地去了。

"戴斯！"我喊了它一声，它走过来，蹭了蹭我的脚。我忽然有一种感觉，它不为任何人停留，它只为死亡。

戴斯跟着我回家，第二天娟子过来，戴斯出乎意料地做出了一个亲昵的动作。

不知为什么，我心里咯噔一跳。

我将戴斯抱起来。

娟子说戴斯一定是外出流浪时感应到她想它的心情，才表现得这样友好。

"是吗？戴斯？"她问。

戴斯挣脱开我的怀抱，端起脚坐在娟子的腿上。

它甚至从没有坐在我的腿上过。

5

戴斯的失而复返引起了大家的讨论，他们都认为临终关怀医院在那半个月没有一个人去世，是因为戴斯离开了医院。他们对戴斯的态度也由厌恶逐渐变为敬畏，仿佛它真的能决定人们的生死。

不知是从谁开始，休息室里越来越多的病人家属开始给戴斯送东西，有时候是一些猫粮，有时候是一些猫罐头和薄荷草，他们大多祈求戴斯不要光临自己的床位。也有一些家属不忍病人痛苦，祈求戴斯早一点儿到来。

而戴斯还像往常一样。值得庆幸的是没有人敢再伤害它了。

我大多数时候觉得这些事很滑稽，可心理又有些隐约的担忧。

娟子。

不知道为什么我总觉得戴斯看她的眼神和往日不同，它变得非常愿意与她待在一起。

几个同事仍旧好意提醒，不要和戴斯走得太近。

追随死亡的动物能带来什么好兆头呢？

我没有思考过这些。

而娟子很快就病倒了。

当时我正在医院值班,娟子的同事给我打来电话,说娟子发高烧,没法开车回去,让我来接她。我起初没太当一回事,谁还没有个头疼脑热的?我接了她回家,给她盖好被子,又下楼买了些补液与退烧药。可这对她似乎没有什么帮助,高烧一直没能退下来,烧到半夜,娟子开始说胡话。

我慌了神,将她送到医院。

医生开了寻常的盐水抗生素,挂进去之后高烧又转成持续的低烧,低烧一个星期,期间做了各项检查,最后医生在娟子的胃里发现了一个恶性肿瘤。

她有时候会胃疼,可我似乎从没有注意过。

我望着检查结果几乎是叫出声来。

我自己就是个医生,我知道这意味着什么:如果不做手术,肿瘤会拖垮她的身体,如果做手术,胃部的恶性肿瘤最容易扩散。

戴斯悄无声息地走到娟子身边,就那样轻轻地,轻轻地望着她,像望着任何其他病人一样。

我忽然感到恼怒。

我看着戴斯："我对你这样好，娟子对你这样好，你为什么企图带走她？"

我不知道戴斯是否听懂了我的话，它抖了抖尾巴。娟子睁开眼睛问我检查结果。

我胡乱编了一个无关紧要的病症。

"没事的，一切都好！"

"嗯！"娟子握着我的手。

6

我开始有意识地不让戴斯靠近娟子，我变得像那些病人家属一样，总觉得这一切和戴斯有关，我知道这看起来很不理性，可人类从来不是靠理性生活在这个世界上的。

我对戴斯的态度也有了一些改变，我尽量让自己不要表现出来，可是我不再愿意逗弄它了，不再愿意它黏在我的身旁。我不是怕它，我是怕死亡会离我太近。我这才明白，宗教为什么会存在，因为它给了人们希望。而戴斯也一样，我总觉得把它从娟子身边隔离开来，娟子就能活下去。从这个角度说，它也给了我希望。

娟子如计划那样做了手术，术后化疗让她的头发都掉光了。她大概知道自己得的是什么病，有时候会坐在床边看着外面发呆。

"林辉,其实我知道我的身体……"
"别瞎说!"
我总是打断她。

我没有勇气和她探讨生死,因为我无法接受她会死!
她勇敢、理智,可我不是。
她甚至好几次跟我提起了戴斯。
"我一个人住在医院多无聊,怎么不把戴斯带来看看我!"
我找各种各样的理由来搪塞,比如戴斯寄养在了宠物医院,比如戴斯今天淘气没有回来,比如医生说猫对她的健康不利!
她笑一笑,不勉强我,只是把话题转移开来。
她开始记日记,处理一些一个健康的人不会处理的事情。
她的状况没有变好,我买了戒指,决定向她求婚。我知道,好心情对病情康复有很大的帮助,我希望她快乐。
医院的其他病人得知了我的计划,都很感动,决定配合着我给她惊喜。
病友拉着她出去聊天,她返回房间伸手开灯的时候,就发现所有医生、护士,还有同科室的病人都站成了一圈,我在中间。
"嫁给我好吗?"我单膝跪地,掏出戒指。

虽然有些老套,毕竟,我并不是一个擅长营造浪漫气氛的人,不过她还是很高兴。

她哭了,说:"我愿意!"

我一把抱着她转起圈来。

那一刻我想,如果她没有生病该多好!如果我这辈子都能拥着她该多好!

我猜她也是这样想的,因为她抱我抱得那样紧,好像使出了浑身的力气,好像害怕一松手,我就会消失。

"能跟我拍一套婚纱照吗?"她靠在我的肩头说。

当然!我点点头。

我找来了影楼的化妆师和摄影师。她化了妆,穿了礼服,与我牵着手站在草地上,一直拍到累了为止。

五百三十二张。我们一共拍了五百三十二张。

她看起来精神特别好。我们回到医院,她甚至对我说她想吃一碗馄饨。

我在她的额头上吻了一下,骑着自行车出去给她买馄饨。

我觉得我们就像一对普通的夫妇,我觉得她一定能活下来。我甚至开始想,我们以后如果有孩子的话,孩子应该叫什么名字。

可我没想到,买完馄饨回来,我会看见戴斯站在娟子的窗前,静静地注视着娟子。

我手里的馄饨啪地一下落在了地上。我想把戴斯赶走,可娟子冲我摆摆手。她说,别赶走戴斯,让它陪陪我。

那天下午,娟子又发起了高烧,晚上的时候就不行了,多脏器衰竭,陷入昏迷,医生抢救了三次,最终还是没能留住她。

我浑浑噩噩地走到车旁,开门,上车。戴斯一直跟着我爬上了车子。

我不看它,踩着油门。

那天,我没有回家,车子从天黑一直开到天亮,我不知道我到了什么地方。我打开车门,把戴斯赶了下去。

"我不想再看见你!"我对它说。

它呜呜地叫了两声,撒娇一般,我没有理会,关上车门离开了。它在后面追了一段路,直到身影越来越小,很快就完全看不见了。

7

那之后我再也没有在临终关怀医院看见过戴斯,当然,这并没有影响临终关怀医院的死亡率,病人们还是一个接一个地死去,人们渐渐忘了戴斯的故事。毕竟,这是临终关怀医院,几乎没有人能够从这里康复。

  我后来又结婚,有了两个孩子,婚姻生活平淡安逸。孩子们长大成人。再后来,我退休,日益衰老,终于也住进了临终关怀医院。

  意识清醒的时候,我常常一遍一遍回忆过往。我忍不住想象,如果没遇见戴斯的话,娟子是不是就不会死,如果没有托娟子照顾过戴斯,戴斯选择的会不会是别人?又或者,戴斯究竟是因为我离死亡那样没有距离才同我作伴,还是因为它真的想留在我的身边?我从来没有思索出过答案,但这些问题无疑是帮我摆脱晚年孤寂最好的方式。

  随着疾病的加重,我能回忆的时候也越来越少。在一个温暖的夜里,我躺在床上,缓缓呼吸,一只浑身黑色的猫,轻轻地爬到了我的床前。

  "戴斯?"我好像认出了它。

  它伸出它软绵绵的肉垫,放在我的手心。

  恍惚间,我听见了它的声音:"对不起……"

  我轻轻握了握它的手。

  我就要离开这个世界了,我的身体轻飘飘的,好像要飞起来。戴斯静静地注视着我,就像是要为我送行。它的目光有一种奇妙的力量,那种苍凉的孤寂感一下子就消失了。我忽然意识到它从未带来过死亡,它不过是个指引往生的使者。

我在最后的思绪里想着的全是它。

一只猫的寿命有多长：十五年？二十年？可戴斯已经活了整整四十年。

它一定是一只很特别的猫。

"再见。"它对我说。

"再见。"

就这样，我与死亡、命运以及戴斯和解了。

好在还能看见你

1

大狗爱上了兔子。
大狗是出租车司机。
兔子是物理学家。

兔子常常需要加班,有一天晚上,她加班到很晚,收拾东西回家的时候就遇见了大狗。大狗那时候还不认识兔子,他开车跑夜班,穿一件汗涔涔的 T 恤,眼睛下方因为熬夜带着黑眼圈。

兔子关上实验室大门,大狗正准备去一家 24 小时营业的便利店买咖啡。

兔子走下楼梯,大狗买完咖啡被三只醉熏熏的灰狼拦下。

年轻的灰狼是这座城市里最喜欢惹是生非的族群,大狗想要避开他们,可为首的灰狼把爪子搭在了大狗的肩膀上。

"嘿,哥们儿,拿点儿钱来花花!"

大狗摸了摸口袋。

"没有钱。"

大狗说的是实话,他的钱都用来买咖啡了,剩下的放在出租车上,没有随身带着,但年轻的灰狼们不相信他,他们决定教训一下这个不识好歹的家伙。

"兄弟们,上!"

灰狼们把大狗团团包围。

大狗腹背受敌,逃不掉只好摆开架势迎战。

可打跑了前面的灰狼,后面的灰狼就跟来搞偷袭,大狗以一敌三越来越吃力。

他嘶吼着,准备找个机会逃跑,兔子却忽然冲了出来。

"放开那只大狗!"兔子穿着白色的连衣裙,手上拎着粉红色的小皮包,对着灰狼怒目而视。

灰狼们发出了夸张的嘲笑声。

"哪里冒出来一只漂亮的小白兔?"

大狗心想，糟糕，这回不仅要自己跑，还得搭救眼前这只搞不清状况的小白兔。

"别怕！"小白兔英勇地抛下自己的粉红色背包，和大狗背靠背站在一起。

大狗在心里默默捏了一把汗，但冲着小白兔这句话，他觉得他有必要保护她！

灰狼们挥舞着爪子迎上来。

"小心！"大狗冲小白兔叫嚷。

一个拳头挥过来，小白兔一闪，灰狼竟扑了空，再要挥拳，小白兔一个小小的勾脚，灰狼便扑倒在地。大家被小白兔的反应速度惊呆了，剩下的两只灰狼放下大狗一齐朝小白兔扑过去，小白兔伺机而动，一个左勾拳，一个右勾拳，一记鞭腿，一个腾空而起……不一会儿的工夫，灰狼们一只接一只地成了小白兔的手下败将。

在大狗瞠目结舌的表情中，小白兔拍了拍自己的手，理了理自己的白色连衣裙，一蹦一跳地和大狗道再见，走到一半又退回来。

"你说那些灰狼的同伙会不会埋伏在路上打击报复你？"

大狗点点头。

小白兔说："那我送你回家吧！"

大狗点点头又摇摇头。

"还是我送你回家吧!"

就这样,小白兔坐上了大狗的出租车。

2

小白兔问大狗:"大狗大狗,你的眼睛为什么这么黑?"

大狗说:"因为我熬夜。"

小白兔说:"我也熬夜,可是我的眼睛是红的。"

大狗说:"因为我是一只哈士奇。"

大狗问小白兔:"小白兔小白兔,你的武功为什么这么好?"

小白兔说:"因为我是小白兔。"

大狗说:"我认识其他的小白兔,可她们没有你的武功这么好。"

小白兔说:"因为我是一个物理学家。"

"物理学家把光子变成了快子,你看见的我是三纳秒以前的我,灰狼向我挥来的拳头是三纳秒以前的拳头,而我所见的都比你们快。"

"筷子?"

"快子!"

大狗不知道小白兔在说什么,他一脸懵懂却又觉得深奥有趣，小白兔笑得前仰后合！这是物理学家的幽默。

"这个世界上还没有人发现快子！"

"我吃饭用的就是筷子！"

小白兔继续笑得前仰后合。

大狗在小白兔的笑声中心跳加速，临下车的时候小白兔给了大狗一个棒棒糖！

"我听说狗都喜欢吃甜食！"

大狗接过棒棒糖，从包里掏出一个红色的树莓。

"我听说兔子都喜欢吃浆果！"

他们互道晚安，告别在夜色里。

3

那之后大狗常常能在便利店附近看见这只小白兔，小白兔上班的地方就在便利店楼上，那是一间很大的实验室，实验室里有很多的仪器。

大狗喜欢听小白兔讲实验室的故事，他们在偶遇时一起吃饭，一起去便利店买咖啡，大狗越来越喜欢和小白兔待在一起，他晚上睡觉前最后一个想到的人是小白兔，早上起床前第一个想到的人也是小白兔。

小白兔说，如果一个人在睡觉前总是想到某个人，一个人在早上起床前总是想起某个人，那么说明这个人喜欢那个人。

大狗想，或许我喜欢小白兔吧。

每到小白兔下班的点，大狗就在便利店门口等她，用那辆出租车载小白兔回家。

有一天，小白兔走下楼梯的时候身边跟着一只小黑兔，小白兔和他聊筷子，小白兔没有像和大狗聊筷子一样地笑，她认真地听他说筷子。大狗从来没有见过小白兔这么认真，这让他很懊恼，他怀疑自己要失去小白兔了。他载着小白兔回家，一路上着急地说不出话来。

"大狗，大狗你不开心吗？"小白兔问他。

大狗说："小白兔呀。"

小白兔说"嗯？"

大狗说"我好像喜欢上你了呢！"

小白兔说："为什么是好像？"

大狗说："我喜欢上你了呀！"

小白兔笑起来，笑得大狗心慌慌的。

"这有什么好笑嘛！"

小白兔笑了一会儿不笑了，她看着大狗。

"大狗，你喜欢吃什么味道的棒棒糖？"

大狗说："我喜欢吃芒果味的棒棒糖！"

小白兔说："那你等我哦！"

她跳下车钻进路边一家便利店里买了一只芒果味的棒棒

糖。大狗看着小白兔,小白兔拨开糖纸把芒果味的棒棒糖放进自己嘴里。

"我以为你是买给我的!"

小白兔露出一个微笑,"嘘!"

她闭上眼睛在大狗的唇上落下了一个绵长的吻。

——芒果味道的吻。

大狗的心砰砰砰砰,几乎要跳出胸膛。

"以后你吃芒果味道的棒棒糖就会想起我的吻!"小白兔对大狗说。

大狗点点头,整个人陶醉在芒果味道的甜蜜里。

4

大狗成了小白兔的专职司机,不仅接小白兔下班,还送小白兔上班,不仅在睡前想着小白兔,还能在睡前看着小白兔。小白兔会给大狗讲很多有意思的故事,她告诉大狗有一只叫爱因斯坦的兔子发现了相对论。

什么是相对论呢?

小白兔给大狗解释,假如大狗向小白兔跑来,小白兔也向大狗跑去,那么大狗和小白兔的相对速度就变快了。可是不论大狗或者小白兔如何跑向一束光,光的速度都是不变的。不会因为你跑向它,它就变得更快,也不会因为你远离它,它就变得更慢。速度使时间和空间发生改变，速度越快，时间就会变得越慢。

小白兔指着天上的星星。

"有些星星离我们有一光年的距离，有些星星离我们有一百光年的距离，它们现在可能已经不在了，可我们还是能看见它们，看见一年以前的它，一百年以前的它！"

大狗在小白兔的故事里沉沉睡去。

他想，一百年前的星星上会不会也有一只小白兔和一只大狗呢？

这简直是世上最浪漫的故事了。

5

大狗决定和小白兔结婚，他们开着车去了教堂，教堂在另一个街区，他们要穿过一条长长的快速公路。大狗很开心，小白兔也很开心，他们一路上唱啊，笑啊。

大狗说："小白兔，你是世上最酷的新娘！"

小白兔说："大狗，你是世上最温暖的新郎！"

尽管大狗没有吃芒果味的棒棒糖，但他觉得那个时刻自己的嘴里充满了芒果的味道，空气里也充满了芒果的味道，他转过头去看小白兔，想起他们第一次见面的情景。他默默地在心里对小白兔说着不好意思说出口的情话。阳光从头顶倾泻下来，路面变成一片金黄，大狗看着小白兔，小白兔也看着大狗，谁也没有注意到迎面而来的那辆货车。

货车越来越近，越来越近。

芒果的味道忽然消失了。

大狗瞪圆了眼睛。

他看见空气里弥漫着很多细小的灰尘颗粒，还有坐在身边笑容僵在脸上的小白兔，小白兔的手跨过了大狗的手，伏在方向盘上。

货车撞上了他们，撞击的那一瞬间小白兔把方向盘转到了左边，随着哐当一声，她灵活的脑袋一下子软绵绵地耷拉下来，再也没有往日的生气。

夕阳西下的时候，大狗抱着小白兔坐在路边哭泣。

这回他真的失去小白兔了！

6

小白兔的追悼会，小黑兔也来了，大狗在追悼会上致辞，他说小白兔把光子变成了快子，所以她看见了三纳秒以前的货车，救了自己。他还说他要把自己也变成快子。因为快子比光子快，超过光速时光就会倒流，那么他就可以见到小白兔了！

小黑兔说："大狗，你根本不懂物理。"

大狗说："小黑兔，你根本不懂我有多想念小白兔！"

大狗卖了自己的出租车，他说就算不能变成筷子也要见到小白兔，他报名参加了宇航员志愿者的培训，每天在天旋地转的训练舱里吐得头昏眼花。

来看望大狗的朋友问大狗："大狗大狗，你为什么一定要做宇航员呢？"

大狗说："因为当上了宇航员我就可以飞到二十光年外的克拉姆星球，小白兔说在克拉姆星球上我能看见二十光年外的地球，二十光年外的地球就是二十年前的地球，二十年前的地球上还有小白兔，也还有大狗。"

大狗把眼睛的焦点放到了很远很远的地方，就好像他已经在克拉姆星球上一样。

培训结束的那天，他为自己准备了一个超级天文望远镜，还为自己准备了一百个芒果味的棒棒糖，他坐在宇航员舱里，拨开糖纸，把棒棒糖放进嘴里。

二十年前的地球上那只小白兔还没有成为物理学家，她还是一只小小白兔。只要想起小白兔，大狗就可以用天文望远镜看着小小白兔，吃着芒果味道的棒棒糖。

"虽然不能在一起，但好在还能看见你！"每当大狗在克拉姆星球上望着地球的时候，总会说起这句话。

木偶麦克

1

那件事情发生之后,我辞了工作,搬到远离人群的郊区居住,那里的房子几乎是废弃的,租金相当便宜,房子后面还有一个长满杂草的菜园,我买了鲜花和蔬果种子,打算将那里翻新一下。

体力劳动能让人忘却烦恼,更重要的是,几个月后,我将不再需要开车到熙来攘往的超市采购食物。这给了我很多动力。

我不想见到任何一个人!是的,任何一个人!

有时候，生活追着你无处可逃，你觉得好像是哪里出了问题，终究又说不出到底是哪里出了问题，值得庆幸的是我们还能用各自的方式开始新的生活。

我把手插进泥土中，感受着它的湿度和温度，我并不擅长农事，买了几本书，严格按照书上的要求去做。我运来肥沃的黑土，将原本土壤里的植物和乱石清理干净。

麦克就是我在清理乱石的时候发现的。

它躺在一堆乱石的下方，木头做的手和脚栩栩如生。

它是一只木偶，但不是一只普通的木偶，而是一只会说话的木偶。

它和我说的第一句话是："Hi。"

我吓了一跳，接着迅速反应过来，它是在和我打招呼。

"Hi。"我也对它说。

"能把我从这堆石头里带走吗？"

"当然！"我捧起它，掸了掸它身上的尘土。

我此生从未见过一只会说话的木偶，但我不想流露出过多的惊讶和好奇，以免显得不够礼貌。我将它带到了房间里，替它洗了个澡。我不知道它经历过什么，它的手和脚上有很多伤痕，后脑勺上还有一道裂缝。

我望着这些伤痕。

"你看，如果你想的话，我能够帮你做一些更漂亮的手和脚！"我试着提议。

"不，不！"它断然拒绝了我，"它们是我的一部分！"它的眼里丝毫没有惋惜。

木偶和人的最大区别大概就在这里——如果你经历过痛苦，你总会希望人生中有几件事，或者有几个人是从来没有遇到过的；而作为一只木偶，不管它经历了什么，恐怕都不会有这样的想法。

我将它安顿在另一个房间里，修复了它脚上的发条，它立刻会走路了。一会儿转到这儿，一会儿转到那儿，兴奋得要命。

"谢谢你！你叫什么名字？"它问我。

"小简！你呢？"我反问它。

"我叫麦克！"

我想起了老狼的那首歌，歌名也叫《麦克》。

2

书上说，人类是群居动物，害怕孤独是一种自然属性，没有人能远离人群一个人生活，然而世界上没有那么多完美的事情，你总得做出取舍。有时候我觉得孤独，但更多的时候是平静，不用担心忽然传来敲门声，不用担心走在路上，身后有人悄悄跟着。

我还是常常做恶梦，在梦里喊叫的时候小木偶会从它的房间里走过来，它像个小男孩儿，坐在我的床边给我唱歌。大多数时候这个场面是有些滑稽的，因为它做不出其它表情，不论是安慰，是询问，还是焦急，脸上永远都带着笑容。

"为什么你常常做恶梦呢？"它问我。

我耸耸肩。

"你有朋友吗？"它又问我。

我再次耸耸肩。我不是一个擅长聊天的人，大概也没有什么朋友。

小木偶拉着我的手："其实，我可以做你的朋友！"

就这样，我有了一个木偶朋友。

它大部分时间很安静地跟在我身边。

当我在菜园里劳作的时候，当我在沙发上看书的时候。

它似乎还挺喜欢阅读的，能和我一起坐一整个下午，或者一整个晚上。有时候看得累了，它就会央求我给它念。我随便拿出一本故事书，念给它听，比如《豌豆姑娘》《雪童子》《海的女儿》。它最爱听的是《海的女儿》，每每听到美人鱼变成了海中的泡沫都会流下眼泪，这多少让我有些惊讶。

我猜测它的心里大概也有一个变成人类的愿望。

然而，成为一个人有什么好呢？

菜园里长出了土豆和西红柿，我买了些向日葵的种子，生活已经基本能够自给自足，这令我非常高兴，我甚至弄来了布匹打算自己做衣服。然而我不会缝纫，做起来很费劲。

倒是小木偶，它是个缝纫好手，坐在缝纫机前，一会儿工夫就能做出一件衣服。我这才知道，这栋房子最早的主人是个裁缝。而数十年前，这里还是个繁华的小镇，镇上的人都以制作木偶为生，后来，看木偶戏的人少了，这里便日渐萧条，大家都去城里寻找工作机会，最后只剩下一户人家，男人是个木偶匠，女人是个裁缝，他们很想要一个孩子，可一直都没有。他们制造出了这个会说话的小木偶。后来他们也走了。至于他们为什么走，为什么没有带小木偶一起走，我不得而知。

每个人都有秘密。

它没说，我也没问。

临近冬天，隔壁又搬来了一个人。

3

我之所以选择到这里居住，就是因为这里远离人群，我从来没想过，我会多出一个邻居。我躲在门缝里看，他是个同我年龄相仿的男士,行李很多,一副准备长住的样子。小木偶表现得非常兴奋,嚷嚷着"我们又会多一个朋友啦"!我没有迎合它的兴奋,却在房间里加了一把锁。

我是担心的。我不相信任何人,也没有必要相信任何人。我的菜园和他的住处有一道矮墙之隔,这让我变得更加小心谨慎,小木偶把这一切都看在眼里,但并不认同我的做法。它说他是个好人。

"你从他的眼睛里就能看出他不是个坏人!"

"不,在他做出什么坏事之前,你永远无法看出他是不是一个坏人!"我对人性充满了悲观的情绪,深信只要有动机和机会,每个人都会成为罪犯。

我时刻保持着警惕,留意着他的生活,我发现他是个艺术工作者,这类人总有些怪癖,大概也因为这样才会想要搬到这么远的地方来。

他在院子里画画,作一些泥塑。每隔一两个星期会去城里带些东西。刚开始,他还喜欢在矮墙那边同我打招呼。

"你好,姑娘!"

"你好,女士!"

我不搭理他,几次之后他打招呼的频率就少了。小木偶时不时地对他挤眉弄眼,他则回它一个温和的笑容。对于麦克会说话这件事,他曾流露出过一点儿惊奇,但同我一样,不愿意显得不礼貌，也没有多问。他画画时会放音乐，轻缓的或嘈杂的相交替。

下午，我和小木偶在一起读书，读《树上的男爵》《看不见的城市》，小木偶很乐意听我描绘书里的世界。我有时候会问它的看法，它总表示完全同意我的。

我乐于享受静谧美好的时光。

不过，隔壁的家伙时常放出音乐来，轻缓的还好，若是摇滚我就会让小木偶去和他说。刚开始，小木偶快去快回，慢慢地，它待的时间就变长了一些。它好像很喜欢同他待在一起，它会对我说：

"他做了一个漂亮的美人鱼雕像！"

"他画的玫瑰就像真的一样。"

有时候它待得太久，我不得不去催促，就会发现他们在一起交谈得非常亲密。虽然小木偶无法做出别的表情，脸上自始至终都挂着微笑，可你总觉得那个时候它的眼睛就像活的一样。我不知怎么，心里有些难过，更糟的是我发现它开始时不时地不同意我的看法了。我并不是一个非要别人同意我的看法，不能接受不同意见的人，但它的这种转变，让我觉得它不再那么喜欢我。

我不擅长交朋友，哪怕是和一只木偶。这让我很有挫败感，我装作若无其事，却开始有意识地不让小木偶同他见面。

我不再嫌音乐嘈杂。

我买来砖头把矮墙垒得很高，一直高过头顶。

小木偶问我："你是不是很讨厌隔壁那个男的？"

我摇摇头："确切地说，我讨厌每一个人！"

小木偶没再说什么，它很快恢复了往常的样子陪在我身边。

4

我们就这样度过了一段平静的日子，在田地里劳作，采摘果实。向日葵开花了，成片金黄色，特别美丽。小木偶为我做了几件向日葵图案的连衣裙，腰身收得窄窄的，我很久没有穿这么好看的衣服了，心里有一点儿忐忑，又有一些惊喜。我甚至画了一个妆。镜子里的样子和从前一样。

小木偶说："你真好看！"

我犹豫了一下，终于没有把这些妆容擦掉。

这世界对女人大抵是不公平的，他们希望你好看，可当你因此受到伤害，他们又责怪你打扮得太好看。我常常在想为什么人们对这样的事情充满了关切呢？他们指责你，盘问你，对一切细节感到好奇。你永远无法让舆论消停下来，他们甚至同情你的伴侣要大于同情你，而实际上你的角色沦为了一个尴尬的"帮凶"，大概你的身体从来没有真正属于过你，你总得为了什么人保护着它。我度过了非常可怕的两年，婚姻生活中为此无休止地争吵，我常常鼻青脸肿地出现在世人面前，可所有人都告诉我该忍耐。最后一次争吵，我选择了离婚，只身一人搬到了这里。再没相信过任何人。

这个世界病了，每个人都病了。我摒弃一切不必要的社交，提防着所有会让我不愉快，会伤害到我的事。我正在恢复，如果没有隔壁那个邻居，也许我会恢复得更好。我的噩梦变少了。除了喜欢的书籍，还有一个木偶朋友。总的来说，生活没有对我太糟。

5

为了让房子住起来更宜人，我决定在盥洗室安装一个浴缸，我找来了房主，她答应周末帮我修葺。

在这空气清新的山野泡一个热水澡，想必是很舒服的事情，我对小木偶这样说。可小木偶没有露出丝毫欢欣鼓舞的样子，反而显得心神不宁。我从没见过它这副模样。

在房主到来的那一天，它甚至将自己藏在了高低柜的后面，不肯现身。

"她伤害过你吗？"我忍不住问它。

它摇摇头。

我意识到，这个房主也许知道某些它羞于启齿的事情。

为了不让它难堪,打开房门后我就带着房主去了洗手间。

在几个工人的帮助下,浴室很快弄妥了。房主要离开的时候提议看看我的菜园。

我带着她进去。她东张西望,好像在寻找什么。

在寻找的过程中,她提到了木偶。

大概觉得自己的话显得很突兀,她解释起木偶的来源,她说,以前这里的主人是做木偶的工匠!他曾经在菜园里藏过一只很特别的木偶,她住在这里的时候因为菜园太乱一直没能寻找到!

"据说,那是一只邪恶的木偶!"她忽然压低嗓门对我说。

我的心咯噔一跳:可爱的小木偶如何能称得上邪恶呢?

送走了房主,小木偶从高低柜里跳出来,看样子并没有听见我们的谈话。

"你为什么躲着她?"我问。

小木偶低下头,不肯回答。

那天晚上我有一些失眠。

小木偶在夜半的时候溜出家门,我悄悄跟着它,我发现它来到了隔壁邻居的房子里。看起来，它好像经常这样做，轻车熟路。

而他约好了似的等着它，拿出一张纸在上面和它一起写写画画，他还给它做了一张像真的小男孩儿一样的脸，那张脸可以做出不同的表情。

麦克很高兴地将那张脸戴上："人们还看得出我是个木偶吗？"

画画的家伙摇摇头。"不，你像个真正的男孩儿！"

小木偶在镜子里照来照去，而后将那张脸藏在了衣服口袋里，朝我的房子走来。

我急忙躺回到床上。我想不明白它为什么半夜要背着我溜出去。

我的脑海里不停地重复着房主的话："它是一只邪恶的木偶！"

我觉得自己掉进了一个奇怪的圈子，好像哪里都危机四伏。

6

如果你像我一样，你就会知道距离永远是最好的武器，小心才能给自己带来安全。

每一个远离人群的人背后都有一个故事，你不去探究就不会知道那个和你朝夕相处的人的背后究竟有着什么样的故事，我对小木偶疏远了一些，并且取消了那天下午的阅读时间，我告诉它我身体不舒服，想要休息，而后佯装睡着。果然，它趁我睡着的时候偷偷出门去找那个画画的了。

我拉上窗帘，给房主打了一个电话，决定弄清事情的来龙去脉。

房主说她其实并没有听到最早的主人提过那只木偶，她继承了这栋房子，这栋房子里所有的旧物和资料都在杂物间，她在那儿读到了从前房主记录的故事，从前房主笔下的小木偶是一只邪恶的木偶，它做过很糟糕的事情，最终被放逐到这里。

"如果你想探个究竟，你应该自己去寻找。"她对我说。

我放下电话，来到了杂物间。

如她所说，我希望找到一些蛛丝马迹：相片、图纸或其他什么东西，我想知道小木偶身上发生过什么，想知道它的来龙去脉，知道它为什么被抛弃在这里。

我在一个荒废的柜子里发现了一些信件、日记，在它们的帮助下我花了一整个下午的时间拼凑出了整个故事。

果然，小木偶并没有看起来那样善良无辜。

它曾伤害过一对好心的夫妇。

这对好心的夫妇便是最早居住在这栋房子里的木偶匠人。

他们想要一个孩子,却一直没能实现。于是丈夫制造出了一个会说话的木偶,除了木质的脸,木质的手和脚,它和所有小男孩儿一样。他们给它取了一个名字叫麦克。夫妇俩宠爱它,它变得任性调皮。后来妻子出乎意料地怀孕了!忙于照顾肚子里的宝贝,沉浸在做母亲的喜悦里,她渐渐冷落了木偶,受了冷落的木偶憎恨起那个没有出生的孩子,在一个雨天它推倒了女主人,那个孩子也因此死在腹中。

日记的最后一页写着:"木偶是没有灵魂的。"

我合上日记,从没有想过,这个看起来可爱、体贴的小木偶会做出这样的事情!我犹豫了一下,又锁上了房子的门。

这世上没有什么东西值得相信,你永远无法判断一个人是好人还是坏人,尤其是在他做出什么坏事之前。我对这一点简直深信不疑。

临近傍晚,小木偶终于回来,它没能打开门,呼唤起我:"小简,小简!"

我没有回答,它变得有些焦急。

"你在里面吗?为什么把门锁上了?"

我仍然没有回答,它索性爬到了窗户上。它看见了我。

"小简,小简?"

它继续叫着。

"你在和我做游戏吗？"

"你生我的气了吗？"

喊着喊着，它的声音逐渐带上了哭腔。

"你不要我了吗？"

"你不要我做你的朋友了吗？"

"你杀过一个小孩儿！"我尽量用冰冷冷的声音同它说。

小木偶怔了一会儿，它看着我，低着头不再说话，转身离开了我的房子。

画画的男子开门收留了它。

他朝我的窗户前看了一眼，我迅速躲开了。

7

那天晚上我做了一个噩梦，梦见小木偶带着那个画画的男子闯进我的家中。我跑啊跑啊，他们追啊追啊。地上的影子变得很大很大，我怎么也逃不出去。

醒来的时候，我决定离开这里。

一个真正安全平和的地方，是没有历史的，没有历史便没有那些故事和是非。

我开始收拾行李，将向日葵一株一株地从菜园小心移植出来，用报纸包好，这世界上真正无辜的东西大概只有不会动弹的植物吧，没有我的照顾，它们会死去，我不希望它们死去，于是决定将它们带在身边。

小木偶一直在窗外望着我,我干脆拉上了窗帘。

我的动作很快,只用一天的时间就把所有行李都收拾好了,行李本身也并不多,只有简单的几件衣服和被褥。

我雇了第二天的车子。夜里趴在客厅睡觉,炉子里的火持续烧着,这样房间便更加暖和,这不是我第一次这么做。可是我没想到,迸起的火花会燃着包向日葵的报纸,报纸烧着了向日葵,然后火势蔓延开来,先是房子里的地毯,再是衣服和木质的家具。

等我意识到发生了什么,迷迷糊糊地醒过来时,四周已经浓烟密布,我甚至无法弄明白大门的方向在哪里。

求生的本能让我挣扎着站起来,我尝试逃跑,但很快就放弃了。如同我努力逃离糟糕的生活,开创新的生活一样,上天要给我这样的安排,我还能怎么做呢?。

活着并不快乐,死一死又有什么关系?

我跌倒在地上,索性闭起眼睛,等待着死亡的降临。

我不知道,我会上天堂还是下地狱?

我想象着所有可能的场景,直到一双冰凉的、木质的手抓住了我的手。

房子的横梁正在往下掉落。

"你?"我犹疑地看着它。

横梁掉下来的一瞬间，它一把将我推开。

画画的家伙闻讯赶来，他将我拖出，十分钟后，消防车和救护车也来了。

我被送到医院。

除了吸入了一些一氧化碳和烟尘，我并没有受到什么永久性伤害。我向人们打听救出我的小木偶的下落，可没有人相信这世上有一只会说话的小木偶。

房子烧毁了，没有第二个人从里面出来。

它和那些房子一样，化为了灰烬。

8

我重新回到了那座房子里。

一个漂亮的墓碑立在原本的菜园中央，墓碑上写着：男孩麦克。墓碑是那个画画的家伙立的。

他看见我来，同我打了一个招呼。

"Hi。"

我走到他的房子前。

"Hi。"

我们就这样有了第一次交谈。

他告诉我麦克想要成为一个男孩儿，它深爱的人曾说过它是没有灵魂的,没有灵魂便不知道真正的爱恨和慈悲,没有灵魂便没有资格做一个被人爱着的孩子。它曾经犯下了很糟糕的错误,它受到了惩罚,被丢弃在乱石堆中好多好多年,直到遇见了我。

"你那样美好,温柔,又那样冰冷沉默。像一个,像一个严厉的母亲。"

它期待着能够被重新接纳,期待变成一个真正的孩子……它陪我吃饭,睡觉,阅读,陪我在田间劳作。

"你知道吗,它起初其实并不认字,它假装看得懂书本的样子,只是为了和你待在一起。"

我意识到,它半夜溜出去是为了在他的房间里学认字时,我有一些心酸。

它想成为一个真正的男孩儿,它想得到爱。

我后来在梦里,又梦见过麦克几次,它问我:"简,你看,我有灵魂了吗?你看我值得被爱了吗?"

我总是郑重地对它点头。

画画的家伙时常来看它,坐在墓碑前,为它读它从前爱读的故事。

"在海的远处,水是那么的蓝,就像最美丽的矢车菊花

回忆如同一场隔岸烟火，我凝眸观望，却不见来人

有时候我会期待长大成人是一场游戏

瓣……"

  我请人修葺了这座房子,虽然仍旧多疑,但我想,也许有一天我会愿意回到人群中去,会有一个孩子。

  如果我有了一个孩子,我想叫那个孩子麦克。

  这样,我就能亲口对麦克说,我其实一直是爱他的。

在垃圾场

1

我醒来的时候，正躺在一个巨大的垃圾场里，我的周围堆满了白色泡沫、塑料制品以及食物包装袋，我并不着急把它们从身边挪开，因为对于一个垃圾来说，垃圾场就是最好的去处。我安静地接受着自己的命运，一路上没有过多的心情波澜和无谓挣扎。我知道我会被绞碎、再处理，成为新的东西，我的灵魂将在这个过程中逐渐消逝。爱和恨不复存在，所有记忆，尘归尘，土归土。

这听起来有些可怕，尤其是对某些人而言，不再是这个世界上的一员，没有归属，并且也没有给这个世界留下什么东西，好像生命还没完成，就戛然而止。然而我是平静的，从被制造出来的那一刻起，我就明白自己的命运，我比大多数同类，甚至比人类都更加睿智，早早参透了生活真谛。存在是例外，毁灭才是必然，时光不会等你，当你变得不再有用，成为世界的包袱和负担，你的日子就到头了。对于物品而言，垃圾场是最后的聚集地，对于人类而言，坟墓才是，但他们不甘且不自知，即便死亡将他们带离，他们也要努力在世间留下一堆土，幻想被后人祭奠。

多么可笑。

地上有一小块儿碎裂的镜子，我凑过去看了看自己的模样，这模样令我有些伤感，若不是胸前的那一道伤疤，我也许还能再服役几年，作为一个物品，外表总是首先要考虑的，从这个层面上看，人类离完全物化也并不久远。

我喜欢思考这些，熟悉我的朋友说，我会成为哲学家。可我知道那不可能，我的使命里并没有哲学家这个职业。

写到这里，你也许对我的身份有了一点儿好奇，想知道我到底是个什么存在。说了那么多，我也的确该表明自己，我并不是那种昂贵独特的东西，我只是一只普通的人造皮革沙发。

你也许不信，人造皮革沙发凭什么坐在这里和你讲述这些东西，但这是真的。

这世界上的一切都是有灵魂的，马克杯有马克杯的灵魂，窗帘有窗帘的灵魂，皮革沙发有皮革沙发的灵魂。人类不相信的事情太多，而我们安于命运的安排，很少发声。

我低下头端详自己的伤口。伤口还有一点儿疼痛，我并非麻木，对于被遗弃这个事情，也曾尝试挽回，得知主人要将我扔掉后，我努力让自己看起来容光焕发，我抖擞着精神，散发出我能够散发的最大的光芒和香味。

在过往的岁月里，我从未在乎过我的外貌，除了必要的整洁。可是那一刻，我由衷地渴望自己崭新漂亮，我不知道你是否也有过这种体验：希望自己好一点儿，再好一点儿，拼命讨好周围的人，这样他们就不会将你厌弃。

哪怕参透生死，这仍是我最害怕的事：被遗忘在世界角落。

不过，我最终还是接受了这一切，尽管不快乐——因为我知道，所有东西都会消失，你无法和自然规律抗衡。

2

垃圾场里的其他居民并不像我，他们对自己的处境始终愤愤不平，为首的那个垃圾头目，甚至在煽动大家造反，他是一只瘪掉的皮球，曾经在一所小学里服役，顽皮的孩子对待他很肆意，他的日子不好过，这从他斑驳的身体也能看得出来。过度使用的结果是过早地损坏，他没有如愿退休，而是像一直担忧的那样被扔到了这里。

"凭什么我们就被归类为垃圾？"

"凭什么我们的命运要由别人决定？"

他每天都充满了怀疑和牢骚。煽动持续了很长时间，他发誓要让人们付出代价，发誓要把世界变成垃圾场，把一切都变成垃圾。

他的口号很响亮，队伍也在慢慢壮大。

恐惧是反抗世界的原动力，他恐惧死亡，就像这里许许多多的其他"垃圾"一样。但我不恐惧死亡，我知道是死亡让生命变得更美丽，因为时光有限，发生在生命里的故事才弥足珍贵。

他试图说服我加入，我拒绝了，我只想安安静静地走完最后的历程，有时候我甚至希望终点快一些到来。

我有点儿厌世，但仍然在清晨第一缕阳光到来的时候整理容妆，即便死亡，也应该用一种体面的态度。皮球先生对此很不理解，他希望我像垃圾场的其他居民一样，散发出恶臭，以显示我们的威力。

"你何必假装优雅？你只是一只人造革沙发，你甚至都不是真皮的！"

"你何必刻薄?"

"我说的是事实!"

"可就算是事实,你是真皮,不一样和我待在了一起?"

我总是知道怎么去刺痛别人,皮球先生一下子不说话了,这让他看起来可怜巴巴的,他残破的身体背对着太阳,映现出一道阴影。

"嘿,对不起!"我心软起来,他并没有理会我的道歉。

"有时候我会希望自己是一颗钻石。"他看着我,"你曾希望自己是钻石吗?"

"不可能每个人都是钻石!"

"我知道!我问的是,你有没有想过自己会是颗钻石!"

我有点儿不知怎么回答,因为我的确想过,如果是颗钻石,自己的存在就会变成永恒,我可以戴在人类的手上、耳朵上、脖子上,随着他们一起感受这个世界。我可以在大学的课堂里听讲,在教堂里见证人们的婚礼。因为永恒,或许我还能成为这个世界上最厉害的哲学家,总之我不必担心有朝一日会被扔进垃圾场里,香消玉殒。可我不是钻石,而且谁说钻石永恒的生命带来的是永恒的快乐而不是永恒的空虚?

当时间变得无限,一切皆有可能。

我一语道破。

"皮球先生,你之所以想要成为钻石是因为你害怕死亡!"

"是的,你不害怕死亡吗?"他反问。

"不害怕!"

"为什么?"

"因为,我见过很多死亡!"

我特地用了一种老气横秋的口吻,这让皮球先生仰慕起来,在他服役的学校中,他从没见过一次死亡。

"你为什么见过很多死亡?"

"因为我曾生活在临终关怀医院。"

"那么,人类面对死亡的时候是怎么样的?

"同我们一样,留恋人间,感到愤怒和不公平,但也有例外。"

"什么例外?"

"我见过一些人,他们走得很坦然,他们对一切抱着微笑,在生命的最后阶段依然如此。起初我以为他们是厌世的人,想早早离开人间,可后来我发现我错了,过得越圆满越快乐的人越能平静看待生命的终结。恰恰是那些不如意的人心有不甘,抱怨命运多舛,抱怨一切还没好起来就要离去。"

"怎样的人才会圆满快乐?"

"拥有爱的人。"

"爱是什么?"

"一种奉献和被奉献,一种心甘情愿的牺牲,一种光芒……"我胡乱搜索着脑海里的词汇。

"你体会过爱?"

"没有。"我很坦白,"都是书上看来的,谁会爱上一只沙发?"

皮球先生好像在思考什么。

"如果你的理论是对的,你没有体会过爱,为什么不害怕死亡?"

我没想到他会问出这样的问题,一时不知怎么回答。如果我没有体会过爱,为什么我不害怕死亡,我真的不害怕死亡吗?

皮球先生似乎也并不期待着我的回答。

他看向远方:"如果爱有你说得那么好,我宁愿不活着。"

3

我和皮球先生就这样熟悉起来,在反复的交谈中,我得知了垃圾场的规矩和历史,这里每隔一个月就会有垃圾车光顾,垃圾车拉走一部分垃圾,又送来另一部分垃圾,每两个月垃圾场里的垃圾就会得到全部的翻新。这也意味着垃圾场的居民将寿终正寝。

"所以,你在这儿待了多久的时间,一个月?两个月?"我问皮球先生。

"不，是一年。"

"为什么你能待一年?"我很惊讶。

皮球先生得意地向我表演起了他的绝技：先是前后摆动，随着摆动的幅度变大，他滚了起来。

"虽然不像从前那样圆，可是我的行动能力并没有消失。每次垃圾车开来，我就会悄悄地找一个隐蔽之处。他们一直没有发现，于是我成了这里的领袖！"

皮球先生对此不无骄傲，这让我很羡慕。倒不是因为这技能免去死亡或者使他成为领袖，而是行动自由！

"真好！"

"是吗？"

"嗯！"

皮球先生看出了我的渴望。第二天，从垃圾场的另一个角落里我弄来了书。

现在想来，那真是一些好书，有《麦田守望者》，有《羊脂球》，有《巴黎圣母院》，有《堂吉诃德》，有《简·爱》，有《活着》，有《飞鸟集》，还有很多其他的形形色色的小说与诗歌。

他说："你的身体虽然不能动，但是你的大脑可以在书里遨游！"

我说："谢谢你，你愿意和我一起遨游吗?"

他出乎意料地摇了摇头。

"不，我不喜欢看书！"

"为什么？"

"看书会影响我的革命事业！"

"不会的！"

"看书会搅乱我的思绪！"

"这不可能！"

皮球先生的脸变得有些红，随口说了再见，从我身旁跑开，怎么喊他也不回头。

后来我才知道他不识字，并对此羞于启齿。

"其实，你不用这样，我可以教你识字？"

"你不会看不起我？"

"不会！"

"你保证？"

"嗯！"

为了证明我所言不虚，我开始为他朗读故事。

我到现在都记得我第一次为他朗读故事的那个情景，那个故事的名字叫《九尾猫》，他听得非常认真。

我说："九尾猫是一只想要练出九条尾巴的猫，可它修炼了一年又一年，始终只有八条尾巴！"

"为什么只有八条尾巴?"他像个孩子似的发问。

"因为长出了九条尾巴,它就变成神仙了,所以长出第九条尾巴的条件就格外难。"

"有多难?"

"要长出第九条尾巴他就必须为它的主人实现一个心愿,可是实现心愿又会花费掉他的一条尾巴,这样九尾猫就陷入了死循环。每长出一条新的尾巴,就会失去一条旧的尾巴,它在人间生活了成百上千年,帮人们实现了成百上千的愿望,却仍然没有长出第九条尾巴。"

"那它后来是怎么长出第九条尾巴的呢?"

"它遇见了一个人。"

"怎么样的人?"

"一个真正爱它的人,九尾猫一开始并没有感受到他的爱,他像它从前的主人那样,给它很好的食物,温暖的住处,给它陪伴和关怀。这对九尾猫来说不奇怪,毕竟它会帮他们实现愿望,他们会变得富有,会变得智慧,所以他们理所当然要对九尾猫很好,可九尾猫很快腻烦了这样的照料,它告诉这个人它要走了,走之前会为他实现一个心愿。"

"'你要什么样的心愿呢?'

"'什么样的心愿都可以吗?'

"九尾猫不屑地点着头。

"'是的,什么样的心愿都可以。'"

"这个人于是用温暖的眼睛看着它说:'那么,我希望你拥有九条尾巴!'他的话音落下,九尾猫就长出了梦寐以求的第九条尾巴。它很惊讶,眼睛蓄满了泪水。它没想到第九条尾巴是这样来的,他本来可以用这个愿望让自己过上更好的生活,可是他没有,因为他爱这只九尾猫!"

"这是不求回报的爱!"

"是的!"

"这是真正的爱!"

"是的!"

在故事的最后,我们总结道。

4

我花了很多精力教皮球先生认字,也花了很多精力给他念那些小说,他常常陶醉在故事里,有时候一看就是一整天,甚至忘记了他的革命事业,他说我像《简·爱》里的海伦,对于一切不公逆来顺受,这样是不会给命运带来好的结果的。我和他说我不是海伦,就算反抗也不会有什么好处。辩论的结果谁也没有说服谁,后来我们又念起了诗歌。他一口气背出了《二十首情诗和一首绝望的歌》第十八首。

在这里,我爱你

风在阴暗的松林中解脱

月亮在游荡的水面上闪耀

相同的日子追逐着,此来彼往

雾气散开,翩翩起舞

一只银色的海鸥坠落夕阳

有时是一片帆。高高的,高高的星星挂在天上

……

不知怎么,他背完之后还有点儿不好意思。

"我们是朋友对吗?"

"嗯!"我点点头。

5

为了避免垃圾车将我带走,皮球先生索性在我身上拴了一根绳子,他滚动到哪里就把我带到哪里。我知道,这要耗费掉他比以往多几十倍的力气,这使得他的外表变得更加斑驳,但他毫不在意。他说真正的友情就是这样。我们因此一起躲过了几次劫难,变得更加亲密。

"只要我们足够小心,我们就能摆脱死亡!"

"是的!"我对此深信不疑。

第三次逃生之后，我陪他一起视察新送来的"垃圾"，我们在那些"垃圾"中发现了一个奇怪的包裹。皮球先生打开包裹。

包裹里是一个粉嫩的婴儿。

"快来看这个粉嫩的小东西！"皮球先生嚷嚷着。

"天，是个婴儿！人类的婴儿！"我忍不住喊出声音。

我当时并没有想到这个小小婴儿会给我们的命运带来怎样的改变。

话音落下，垃圾场的其他居民就齐刷刷地看了过来。

"人类的婴儿？"

"是的，人类的婴儿！"

"人类是我们的敌人！"

"所以我们要处死人类的婴儿！"

大家议论纷纷，场面一下子变得混乱。没有人能料到他们竟会说出这么不理性的话！许多居民甚至故意散发出强烈的臭味，婴儿被熏得哇哇啼哭。

"皮球先生，让我们处死他吧！"几个带头的家伙振臂高呼。

"是的，让我们处死他吧，就像他们处死我们一样！"其余的人齐声附和。

皮球先生望着我，我朝他摇了摇头："他只是个孩子，什么也不懂！"

皮球先生松了一口气，因为他完全赞同我的看法。

"他只是个孩子，处死他是不公平的！"他用自己的威信迫使大家安静下来，"我们要做反抗者，可我们不是凶手！"而后他将那个孩子放到我的怀中，我们在众人的注视下，一起离开。

最初的几天很平静，我们为婴儿寻找食物和水，皮球先生捡来了奶瓶，我找到了一罐有些发霉的奶粉。我们像一对夫妇，一对沉浸在新生的忙乱和喜悦中的爸爸妈妈。可随着时间的推移，事情渐渐开始不受控制。

每日的集会，皮球先生是主讲人，来参加的居民越来越少，而对皮球先生和我的质疑却越来越多。他们质疑我们的身份，质疑我们和他们不是同类，甚至干脆说我们是人类派来的卧底。

"他们一定是人类那边的家伙，否则为什么能逃掉每两个月出现一次的垃圾清理？为什么要费这么大的劲儿去帮助一个人类的婴儿？"

我们争辩，我们反驳，但加之于我们身上的罪名却越来越多。

"我不能理解事情为什么会变成这样！"皮球先生懊恼地

看着我,"为什么他们对一个孩子有这样大的仇恨?"

我回答:"不是仇恨!是欺软怕硬!"

"欺软怕硬?"

"他们遇见人类的时候,躲得多快!可当人类没有反抗的能力,他们比人类还残暴!"

"我真为这些同类感到羞耻!"皮球先生低下了头。

"好在我们不是这样的人!"

"是的,我们不是这样的人,总有人不是这样的!"

那晚,我们相拥而睡,我给婴儿讲了皮球先生最爱听的九尾猫的故事,我在心里默默地说:

"希望你以后能遇见这样的爱!"

"希望你以后是个好人!"

6

冲突不可避免地越来越激烈,质疑很快变成了暴力,在一个没有月亮的夜里,我们受到了可怕的攻击,他们像想消灭那个婴儿一样地想消灭我们,石块与铁棍肆意地朝我们投掷。皮球先生受伤了,我也受伤了,更糟的是,一支飞来的钢笔击中了婴儿的头部,他的额角裂了一道口子,流出了血。我们肩并着肩浴血奋战,太阳出来的时候我知道我们再也无力支撑。

"杀死他们,杀死他们!"

在一片喧闹中，我端详着我的皮球先生，他原本瘪掉的身子变得更瘪了，原本斑驳的皮肤上长出了更多伤痕。我知道我也好不到哪里去。

"你恨我吗？"沉默片刻，我问。

"为什么？"

"因为我让你救下了这个婴儿。"

"不，如果没有你，我也会救下这个婴儿！"

"真的？"

"真的，因为这是正确的事！"

"为了正确的事，牺牲生命是值得的？"

"是的！"

那一刻我们的心前所未有的亲密，我们成了志同道合的朋友。更确切地说，我们早就是志同道合的伙伴了，只是那一刻，我们明确地知道了这一点。

我闭上眼睛，等待更强烈的进攻，可远处忽然传来了垃圾车的声音，居民们四下逃散，皮球先生没有动。我也没有。

我们找到了挽救这个婴儿的唯一办法，我们知道待在这里，我们就可以把婴儿送走，他会被人类抚养，得到更好的照顾！

我们对死亡多了一份坦然，他望着我，我也望着他。

在那一刻我由衷地希望自己是个人类，不是因为这样就能决定命运，就能成为强者，而是因为这样我就会有一双手，能够摸摸我的皮球先生，就会有一个胸怀能给我的皮球先生一个拥抱。

垃圾车缓缓地开来，司机看到了躺在我身上的婴儿，他抱起了婴儿。片刻后，巨大的铲子伸向我们。

"你还记得九尾猫的故事吗？"我在最后一刻问皮球先生。

"当然！"

"那个故事里的爱，其实不止是不要回报，还是一种成全！"我说。

"是的，我爱你！"

"我也爱你！"

我切断了我们之间的绳子，推开了他。

他是个天生的领袖，是个反抗者，他还有很多可以去做的事。

铲车吞没了我，我就要死了。虽然我没有人类的臂膀能给我的皮球先生一个拥抱，可我有我的灵魂和我的故事。

黑熊 bingo

1

我从前是一只真正的黑熊，我的皮毛油亮、爪子锋利，我怒吼一声，大地都会震动。我生活在一个人类的家庭里，他们从动物收容所里领养了我，他们领养我的时候，并不知道我是一只熊，而以为我是一只狗。

不要怀疑他们眼力差，熊小的时候和狗的确长得很像，否则人们又怎么会叫我们狗熊？我裹着毯子被抱上了他们的车，两个孩子用好奇而友善的态度打量着我。

"瞧，它虎头虎脑多可爱！"

"所有狗狗中，就属它块头最大！"

他们抚摸着我的头，我的背脊。

我喜欢那种抚摸，柔软的触感让我舒服极了。

与收容所里不同的是，安顿下来之后，他们没有把我关进笼子里，我可以在家里自由地进出。我得到了世界上最好的照料，吃着最好的狗粮，最好的狗罐头。

他们说，我是人类的朋友，是家庭的一员。

我对这生活非常满意。

我迅速地成长，很快就长出一只成年狗的体形。

主人觉得我该减减肥。

于是，每个太阳落下去的傍晚，他们都带着我一块儿到街上散步。走累了，孩子们就央求我，要躺在我软绵绵的肚腩上。

"bingo，bingo，bingo，"他们喊着我的名字，"让我们在你的肚子上歇一会儿吧！"

我便侧下身体，收起爪子，轻柔地舔舐着他们。

我喜欢 bingo 这个名字，整条街上的狗都没有我的名字那样好听，它们不是叫包子，就是叫土豆，浑身上下弥漫着一种乡村气息，我想一定是因为我的名字不同，所以我和它们的样貌也不大相同，我的四肢比它们更粗壮，我的身体比它们更宽阔。

我喜欢不同的感觉，孩子们也喜欢不同的感觉。

"bingo 一定是一个特别的品种！"

"bingo 比它们漂亮太多！"

每当这时，我就会高昂着头，像一只骄傲的猎犬，发出嚎叫。我得到了无数的夸赞，日复一日，在这个温暖的家庭里，度过了我的半周岁生日、一周岁生日，直到越长越大，越长越不像一只狗。

有一天，我听到男主人和女主人说："你有没有觉得，bingo 长得像一只黑熊？"

"天，你也这样觉得吗？"女主人回答。

2

为了弄清楚我到底是个什么存在，男主人和女主人不得不买来一本黑熊图谱、一本犬科大全，他们拿着这两本书对着我研究了好几个小时。他们对着我的爪子、我的牙齿，争得面红耳赤，最后得出的结论是，我的确不是一只狗，我是一只黑熊。

"我们竟然养了一只黑熊！"他们发出惊叹，我听得出这惊叹里并没有烦恼，甚至还有点儿兴奋，毕竟，不是每个家庭都有机会能养一只黑熊的！

"好酷!"男主人上下打量着我,"你知道吗,你是一只黑熊!"

我迅速对这新身份产生了好感。因为男主人的语气,我激动了很久,原来我和街道上的那帮乡巴佬并不是同一个种类,原来我是一只黑熊。

孩子们放学回家,女主人宣布了这个新发现。

"孩子们,我们的 bingo 并不是一只狗,而是一只黑熊!"

孩子们狂欢起来。

"我们有了一只熊!我们有了一只熊!"

他们围绕在我身边蹦啊跳啊,跳得累了,我侧下身体,让他们躺在我的身上。

那一整个晚上我都没有入眠,我对这个新身份充满了憧憬。我简直想向全世界宣布,我是一只黑熊。虽然我并不很清晰地了解黑熊对我而言意味着什么,是更强壮?还是更稀有?毕竟日子在短期内没有什么变化,除了我的食量有了进一步增加,不管是肉类还是瓜果蔬菜,我几乎来者不拒。

他们喜欢看我吃饭,他们说:"瞧,它吃得真香啊!"

我的体型变得更大了,有时候在小区里散步,会引起熟人的惊叹:"一只狗怎么会有这样粗壮的爪子呢?"

主人这时就会小声地透露:"嘘,它其实不是一只狗,是一只黑熊!"

人们发出了更大的惊叹,甚至争相合影。

我特别骄傲,这骄傲持续了很长时间,直到有一天,我杀死了一只松鼠。

3

初秋的周末,主人一家带着孩子去河边钓鱼,因为我的体型过大,载着我孩子们就没有地方坐,所以我被留在了家里。我对这个安排倒是没有什么意见,乐于有这样独处的时间。我趴在院子里享受着阳光的照射,忽然一只松鼠闯入了我的眼帘。

我警觉起来,脑海里出现了一个冲动。

在此之前,我连蚂蚁也不曾伤害过,可是这时,我好想用爪子把松鼠撕碎。我无法抑制自己,也不觉得有抑制自己的必要,就那么一瞬间,我冲到了树上,杀掉了松鼠。而这一幕恰好被邻居家的老头儿发现了,他惊叫着关上窗户。

一切的麻烦从这里开始。

我后来才知道那并不是一只普通的松鼠,那是那个老头儿的宠物。

主人回来的时候,老头儿便来告状了:"你们家的怪物杀了我的松鼠!"

"怪物?"

"就是那只狗不狗,熊不熊的东西!"

主人惊讶的看着我:"不可能,bingo 是一只很温顺的家伙!"

我配合地趴在主人脚边,时不时翻个身体卖萌,然而院子里的松鼠尸体暴露了我。

老人执意领着主人去看松鼠,血腥的画面让我的主人非常震动。

"或许,是松鼠叨扰了它,或许它不是故意的!"他试图替我解释。

"不,它是一只野兽!"老人朝我怒吼着离开。第二天小区里便有了对我不好的传言。

之后主人带我出去散步的次数就越来越少了,关在家里的时间则越来越多。

我一开始并不明白人类为什么对我这样恐惧,家猫或野猫杀死的松鼠和小鸟一点儿都不比我少。后来我才明白,一切都因为我是一只黑熊。我庞大的身躯让人们害怕,杀死一只松鼠和杀死一个人,对我来说,同样轻松。

随着我体型继续增大,男主人和女主人对我的态度也开始变化了,那种因为我独特而欣喜的情绪逐渐消失不见,取而代之是很多的惊惶和烦忧。孩子们同我嬉戏时他们总要在一旁看着,似乎害怕我会伤害孩子。

我成了被监视的对象。这令我难过,我怎么会伤害孩子?即便我有再多捕猎的欲望和本能,我也不会伤害孩子。这世上有无数的人,有无数的黑熊,我之所以被叫作bingo而和其他黑熊不同,那是因为我是孩子们的bingo,这世上哪里有一种生物会伤害和自己朝夕相处的孩子?

然而,不论我平时看起来多么温顺,也消除不了男女主人的疑虑,我不敢再捕猎松鼠、小鸟,可他们还是把野猫杀害的小动物全都算在了我的头上。

"今天杀小动物,谁知道明天会不会就杀人呢?"男主人时不时发出这种可笑的疑虑。

在我两岁生日那天,他索性买来了一只大笼子。

"爸爸,你要把bingo关进笼子吗?"孩子们惊讶地问。

"是的!"男主人回答,"它太大了,家里装不下它。"男主人说着把我赶进了笼子里,笼子就放在露天的院子中。

孩子们挥手和我说再见。

"再见,bingo!"

"晚安,bingo!"

"晚安!"

我枕着星星入眠,被清晨的雨水浇醒。心里有一种空落落的感觉。

4

最开始在笼中生活,我每天都有一个多小时的放风时间,这一个多小时能让我快乐起来。我在院子里走走跳跳,爬到树上看旧日一起散步的狗朋友,它们中的很多已经有了后代,还和从前一样自由,体型始终没有改变。我生平头一次羡慕起它们来。

如果能安安静静地做一只狗看起来也不坏呢,可我不是一只狗,而是一只黑熊呀!

孩子们给我带来好吃的,我收起我的爪子,让他们躺在我的身上。我每天都目睹他们的成长,听他们给我带来的消息。小鹏要升四年级了,小美换牙了。

我小心谨慎地对待周遭的一切,不让自己犯一点儿错误,然而一只该死的野猫却总在这一带游窜。

它嘲笑我,挑拨我和人类的关系,它说从来没见过像我这么窝囊的黑熊,作为一只黑熊,我应该给这些虐待我的人类一点儿颜色看看。

我试图辩解人类没有虐待我,我爱他们,他们也爱我。但鉴于我被关在笼子里,这样的辩解看起来并不十分有力。

最后我只好说:"爱是一件复杂的事!"

野猫听罢就笑了,笑到一半,"嗖"的一声冲出去,片刻后回来，嘴里叼着一只还没有成年的母鸡。它当着我的面吃起来。

母鸡那鲜血淋漓的样子，不知为何看起来十分美味，至少和我盘子里的狗粮相比……

它在诱惑我，并且慷慨地提出可以分给我剩下的一半。

"不不不，"我赶紧拒绝，"主人不喜欢我吃这些，他们会误会的！"然而野猫并不理会我的拒绝，将那半只鸡扔进我的食盆里，大摇大摆地离开去。

"嘿，把它拿走！"我连喊了几声，它却连头也不回！

说真的，我当时特别特别想吃掉它，我的食物没有从前那样丰富，和干巴巴的狗粮比起来，这鲜嫩多汁的半只母鸡特别诱人。可是我很担心，担心我吃了它，主人会觉得我野性未泯，会觉得我是一只不好的黑熊。所以我忍着，我饿极了，只好试着转移注意力：我想象着如果我不吃它，会得到怎样的表扬，男主人和女主人会再次信任我，因为这份信任，我就不用再住在这样一个逼仄冰冷的笼子里了，我将和他们一起去散步，一起去郊游，就好像从前那样。他们重新爱上我，接纳我，为了这个，忍饥挨饿是值得的。想着想着，我不知不觉就睡着了，我做了一个很不错的梦，直到女主人的惊叫声把我弄醒。

"天，笼子里有半只死掉的母鸡！"

男主人跑出来看，我呜呜地发出叫唤。

"是那只野猫，我没有吃它，因为我是一只好熊！"

可惜我的男主人听不懂我的话，他看我的眼神就像看一个危险品。

"是 bingo，没想到隔着笼子，它还会捕猎！"

用脚趾头也想得到，笼子的缝隙那么小，活生生的母鸡根本钻不进来，而隔着笼子我怎么可能捕猎呢？

可男主人还是在我的笼子上多加了一把锁。放弃美味并没有给我带来更多的爱或者接纳，相反，放风时间由原来的一个小时缩短为半个小时，进而又变成了隔着笼子讲话，再后来，不知从什么时候开始，孩子们好几天也不会来看我一眼，男主人时不时地往笼子扔一些吃的，我就这样被抛弃了。我先是愤怒。慢慢地，愤怒又变成了沮丧。

你看，当你不被信任的时候，一切努力都显得徒劳。

5

我觉得自己再也没有幸福的希望，我开始变得虚弱起来，身体一天不如一天，太阳晒得我晕头转向，我甚至懒得爬起来饮水。我好几次听见男主人悄悄对女主人说："它可能快死了!"

是的,我对自己的判断也是这样的,我可能快死了。当你失去爱的时候,死亡其实是个更好的选择,我一会儿觉得寒冷,一会儿又大汗淋漓,我不想吃任何东西,只是近乎绝望地在笼子里等待死亡。

一个夜里,有人温柔地叫我的名字:

"bingo。"

我以为我在做梦,梦到从前的事情,我稍微地挪动了一下腿。

"bingo。"

那声音听起来就在跟前。

"bingo。"

我睁开眼,是孩子们。

这是真的吗?我捏了捏自己,我感受到了疼痛。这不是一个梦。

孩子们给我带来了蜂蜜烤肉。

"bingo,你得吃一点儿东西,我们要救你出去!"他们没有忘了我。

可既然没有忘了我,为什么这么长时间也不来看我?我责怪地询问他们。

"爸爸妈妈不让我们来看你！我们是偷偷来的！"他们似乎听懂了我的话。

"我不会伤害你们的！"我又说。

"我知道你不会伤害我们，你不会伤害任何一个人！"小美搂着我的脖子。

我想那时我的身上一定很臭，我有小半年没有洗过澡了，可她毫不在意。

他们是爱我的，我的眼泪哗啦哗啦就流下来了。

虽然没有胃口，但为了让孩子们高兴，我吃掉了那块蜂蜜烤肉。我恢复了一些体力，摇摇晃晃站起来。孩子们偷了家里的钥匙，带着我走到了大街上。

晚风吹在我的脸上，我体会到了久违的自由。我尝试着奔跑了一会儿，愉快的情绪让我的病好了大半。

"bingo，你还是和从前一样矫健！"小鹏说。

我索性把他们俩放到了我的肩膀上，我载着他们穿过了两条街区，他们笑着闹着，就好像我们是去郊游。街区的尽头有一片隔离带，隔离带后面是树林。

"bingo，你穿过隔离带，到树林里去，在那里你就能获得自由了。"小美召唤我停下来，趴在我的耳边说。

我这才意识到，他们说要救我的含义是和我告别。

"不!"我拒绝走过去,我不想离开他们。

"你必须得去!"

我摇了摇头,简直想往回跑。

小美和小鹏哭了:"住在那个笼子里你会死的。而且,而且夜深人静的时候,你还可以回来看我们啊!"

小美尝试说服我,她的话的确让我有些动摇。

住在笼子里我会死,可是去树林里我会得到自由,夜深人静的时候还能回去看望她们,听起来并不是一个不好的事情。

我还是没法做出决定,身后忽然响起了枪声。是我的男主人。

"你想伤害我的孩子们吗?"

"跑,bingo,你快跑!"

我的腿上好像中枪了,我不敢回头,我用尽全力穿过了隔离带,奔向了树林,一头扎在软绵绵的青苔上,我昏了过去,不记得昏了多久,直到清晨的阳光把我唤醒。我挣扎着想要起来,可是腿却动弹不得。

我中枪了,而且伤得厉害!

我又试着爬起来,仍然没有奏效,就这么在树林里躺了两天。我再次确信我会死掉,直到一只母熊出现在了我的视野里。

她用奇怪的眼神打量着我。

我意识到,我可以寻求帮助。

"你好，我，我受伤了！"我使出浑身力气对她说。

她的眼睛犹豫地落到了我的脚上。不知是不是我的体型让她有些畏惧，在我再三保证绝对不会伤害她的情况下，她才小心地走过来试图将我扶起。我的腿吃了疼，我发出哀嚎，她见我没有威胁到它的能力，完全放下心，招呼出了身后的两只小黑熊，他们和我小时候长得很像，如同两只小黑狗。

"你们好！"我努力和他们打招呼。

他们则腼腆地钻到母熊的怀里。

6

或许是我的态度和受伤的状况激发了母熊的保护欲，她开始照顾起我来，她给我弄来嫩叶，摘来水果。夏季的丛林，食物十分丰富，偶尔还能吃到野味，我不大习惯吃生肉，所以我把从人类那里学会的烹饪技术传授给了他们。蜂蜜烤肉是我最拿手的，小熊们尤其爱吃。他们率先喜欢上了我，因为这两只小熊，我和母熊也有了更多的交谈，我知道了她的名字，叫豆豆。她说她特别爱吃森林里长出的豆子，所以取了这样一个名字。

在豆豆的悉心照料下，我的腿伤慢慢痊愈了，我打算回去，打算付出一切努力让我的男主人和女主人接受我。可豆豆告诉我，就要到冬天了，我们该冬眠了，如果我的主人没有接受我，那么不冬眠，在缺乏食物的冬天，我就会死掉。

谁会希望自己死掉？我犹豫再三，不得不把计划延迟到冬天结束。

当我在人类住所里生活的时候，从来没有尝试过冬眠，这让我有些担心，担心自己睡不了一整个冬天，担心一个人孤独地清醒着，担心会因为思念孩子们而辗转反侧。

我恳求豆豆让我和她一起睡。

豆豆显得有点儿害羞："可是，除了我的孩子，我从来没有和另一只熊一起冬眠过！"

"没试过才要尝试尝试嘛！这样即使中途醒来也不会感到无聊！"我怂恿豆豆，我答应豆豆，如果她醒来，可以随时叫醒我，我会陪她聊天。我答应豆豆，我会给孩子们讲睡前故事，这次的冬眠一定会十分有趣，最后豆豆同意了。

她略带羞涩地带我来到了她的家，她家有些狭小凌乱，我花了不少功夫，才把它打理好。除了扩大占地面积，我还严格区分了厕所和卧室。我用青苔和红叶堆出了一张柔软而又漂亮的床铺。当我领着豆豆看这一切的时候，她高兴坏了。

她说："你是一只，一只浪漫的熊！"

体内的荷尔蒙让我有点儿想吻她的冲动，但是我又不知道这种举动在这样的场合下是不是合适。最终还是没有吻她。我们一起钻到了窝里去，开始冬眠。

　　起初两个孩子和豆豆睡在一起，我睡在外边，后来我和豆豆睡在了一起，孩子们睡在了我们中间。在熊的世界里并没有太多礼节可言，同床而眠让我们变得非常亲密。我发现了豆豆很多有意思的习惯，她睡着的时候会说梦话，有时候磨牙，有时候打呼噜。我在清醒的时候就目不转睛盯着她，她发出的任何声音我都感到可爱有趣。有时候她也会醒过来，我们就开始聊天。我和她说我过去的生活，和她说我曾经以为自己是一只狗。我有意略掉悲惨的部分，只说有趣的事，说那些孩子有多喜欢我，多爱我。

　　"真有意思，可如果那样好，你为什么到丛林里来？"

　　"因为，因为，因为事情不会总是这样顺利！"

　　后来，我又和豆豆说起我杀掉了一只小松鼠，说起了后来的日子，我曾在一个狭小的笼子里生活了一年多，差一点儿死去。豆豆一边听，一边对我投来同情的目光。

　　"你恨他们吗？"

　　"不恨，只是有点儿伤心。"

　　"你真善良！"

　　豆豆主动吻了我。我全身上下被一种暖洋洋的东西包围起来，好像沐浴着阳光。

7

有豆豆的陪伴，我想家的次数越来越少。

春暖花开的时候，我们交配了，那不是豆豆的第一次，却是我的第一次。在交配之前，我担心自己不够强壮，没有她从前的伴侣那么好，但是豆豆一直用饱含爱意的眼神鼓励着我。

尽管我很紧张，过程也并不非常完美，但豆豆仍然说她很快乐。我心满意足地将她揽在我的怀里。

那一刻我想，如果我还有家人，如果男主人和女主人还爱我就好了，这样我就能带豆豆回家，让他们看看，我和豆豆在一起生活有多么幸福。

这世上的爱大概都是一样的，如果你爱着什么人，你就会想要把你身上发生的事和什么人分享。

我还爱着他们，不知他们会不会爱我。

想到这里，我叹了一口气。

豆豆望着我："怎么了？"

我说："离开家快一年了，有时候真想回去看看。"

豆豆将我搂得更紧了。我知道她担心那里不安全。

"等过一阵子吧，我陪你去！"她对我讲。

"嗯。"我答应着。

我努力把从前抛到脑后,过了一段很快乐的日子。森林里所有其他的熊都羡慕我们,没有一只熊像我们这样出双入对地生活,共同抚养孩子。在豆豆的帮助下,我捕猎和采集食物的本领越来越好了,很快就承担了大部分的家务,而豆豆却变得慵懒起来,她起床起得越来越晚,中午还要打一个长长的盹儿。

我刮着她的鼻子:"你像一只小懒猫!"

豆豆笑起来,摸着自己的肚子:"你知道为什么吗?"

"不知道!"

"因为我怀孕了!"

"真的?"

"真的!"

这个消息几乎让我哭泣。没有一只公熊像我这样渴望成为父亲。

豆豆的两个宝宝已经长大,决定不再和我们一起冬眠,所以,我很高兴豆豆能再生两个孩子。我喜欢做父亲,并且希望是两个女儿。所有父亲都喜欢女儿。

我吻着豆豆,从脖子一直吻到脚踝,豆豆笑得咯咯咯咯咯。

和所有父亲一样,在高兴之余,我也有隐隐的担心,担心孩子们的健康状况，担心豆豆的健康状况，担心她在生产过程中会不会遇到什么问题。毕竟这是丛林，而不是人类的社会，这里没有医生，也没有医院。我更加细心地照料豆豆，注意她的一举一动，豆豆安慰我不要紧，所有的母熊都是这么生孩子的，并没有听说哪一个就出了危险。我仍旧不敢懈怠，除了外出寻找食物，几乎寸步不离地陪在豆豆身边。

快生产的那几天，豆豆变得特别烦躁不安，看着她痛苦的样子，我恨不得能替她生产。

8

我不想花太多笔墨来描述豆豆的生产过程。

阵痛很快来临了，她在草甸子上翻来翻去，试图寻找一个看起来比较舒服的姿势，但是你知道，在这种情况下，什么姿势也不会舒服。我握着她的手，陪她深呼吸，希望尽量减轻她的疼痛

"他们要来了！"豆豆说。她的脸涨得通红，随着一声尖叫，我的大女儿出生了，随后，我的二女儿也出生了。

看起来一切还挺顺利。她们小小的，软绵绵的，躺在草甸子上，眼睛还没有睁开。这是我第一次见到初生的婴儿，我的心都要融化了。我把她们抱到豆豆面前，豆豆露出了幸福的微笑。

直到我发现豆豆的额头有些冰凉。

我给她盖了一床被子,可她的身体还在流血,生产已经过去一个多小时了,这血怎么还没有止住?

我问豆豆,豆豆也说不出个所以然来。

我着急起来,连忙去找别的母熊寻求帮助。可是这已经是冬天了,我根本找不到任何一只母熊。

豆豆的血还在流。

"没事的,会好的。"她安慰我。

我相信了她的话,可是直到天亮,豆豆也没有变得更好起来。孩子们一直要吃奶,而豆豆变得更加虚弱,我终于按捺不住,决定去寻求人类的帮助。我再三保证很快就会回来,保证我从前就住在离这不到三公里的地方,豆豆这才同意。

我替豆豆盖好被子,掩藏好家门口。我朝着人类的街区跑去。昨夜下了一场雪,路途并没有我想象得那么好走,不过,我还是用了最快的速度。

我知道,只有人类能救她了。我从前住的地方,附近有一家宠物医院,如果我顺利地说服了男主人,或者女主人,他们开着车接上豆豆……

"老天啊,保佑我吧!"

我从未信仰过任何神明,但那一刻我希望所有神明都是真的。

9

　　毕竟是白天，一只黑熊奔跑在街道上的消息很快就吸引来了媒体，但我顾不上许多，只是一个劲儿朝着主人家的方向赶着。期间我摔了两次，爪子跌在楼梯处一个裸露的钢筋上，流了不少血。和豆豆比起来，倒是算不上什么。

　　"砰砰砰！"

　　我敲响了主人的房门，正是周末，所有家人都在，我猜他们已经在电视直播里看见了我的身影。

　　"是 bingo！"孩子们兴奋地说。

　　男主人疑虑重重地打开了第一扇门。他的表情透露出一种"果然是 bingo"的信息。

　　"快，快，快和我去救救我的妻子！"我朝他们示意，招手，让他们和我走。我的样子看起来很着急，孩子们好像猜出来什么了。

　　"bingo，一定是遇到什么事了！"

　　"大冬天的能遇到什么事呢？肯定是没东西吃了。"男主人从厨房里端出一些肉和水果，隔着门送到我面前。

　　"不，不，我不是这个意思！"我把那盘子推到一边，主人又重新递到我面前，我索性将它们打翻在地。

　　"跟我走，求求你们跟我走！"我几乎是在哀嚎，然而他们丝毫弄不明白。

主人甚至后退了几步,担心我会伤害到他们。我急了,一掌将铁门打弯。我并不想吓到他们,但我实在是没有办法了,我将小美抱起来,朝前面跑去。

"放下我的孩子!"男主人提着枪追了出来。

"bingo,bingo,你要做什么?"连小美的语气里都透露出恐慌了。

我没有功夫解释,解释了他们也听不懂。我的妻子危在旦夕,我抱着小美不停地跑啊跑啊,只要我抱着小美,主人就会跟着我,等他们见到我的妻子的时候,一切就都明了了。我跑得很快,而主人怕伤害到孩子,没有开枪。

希望就在眼前,我离丛林越来越近,只要穿过隔离带,一切就好办了。我跑得更快了,当然,也不忘回头看看其他人跟上来没有。

我的豆豆,在这样的情况下,让她见到我的家人倒也不是一个太坏的情况。我的脑子飞快地转着。

前面就是雪堆,我的家在雪堆下面,我兴奋地放下小美,朝前走去。只要我走上前,打开门,豆豆就能得救。

可是,"砰!"我的背后一凉。

然后又是一声:"砰!"

我忘了,后面跟着我的人,他手里还拿着枪。

我倒在地上,往雪堆的方向爬,我看着小美,希望她能明白我的意思,我死了不要紧,可里面还有我的豆豆,还有我的孩子。我答应过她我会回来的,我咬着牙爬呀爬呀,力气越来越使不上来,像在梦里一样。短短的几步路,爬了一个世纪这么长。

"豆豆!"我喊着她的名字,努力拨开雪堆。

"帮帮我!"我看着小美。

她似乎不明白我要做什么,我哭起来。

"帮帮我!"

我的手臂上有很多被树枝划开的痕迹,在丛林里奔跑难免受伤,可是我一直紧紧护着小美,没有让她磕到一下,碰到一下。我怎么会伤害她呢?

我从来没有这么绝望过。

"帮帮我!"我哽咽着。

小美怯生生地走过来:"bingo,bingo。"

我指着那个雪堆。

"砰!"

最后一声枪响,我再也发不出一点儿声音。

我的男友不是人

1

有时候我都想不明白,我怎么会把日子过成这副模样:

房租到了最后期限,可稿费却迟迟没有打来。

眼看要完结的小说,被电脑当机当得一字不剩。

男朋友想过更加平淡的日子和我分了手,从合租的房子里搬了出去,走的时候对我说:"你有你的梦想,我也有我的梦想,我不想再为你的梦想买单!"

传统媒体式微,这一整年,我收入锐减。

人生好像掉进了一个黑洞,连带着一切希望和光芒都被吞没。

我望着空空如也的文件夹给编辑打电话。

他说,那就重新写。

白纸黑字的合同,不写吃什么?

我叹了口气,从银行卡里取出最后三千块,住到了郊区一家没有窗户的破旧小旅馆中,一次性交完三个月房租后,身上只剩下几百元。

好消息是在接下来的三个月里我不至于流落街头,坏消息是如果把仅剩的钱用来修电脑,我可能就要饿肚子了。

不过我没有犹豫,抱着电脑去了维修中心。

修电脑的小哥说,主板烧了,换一块儿要一千元。

我又抱着电脑出来,跑到咖啡馆门前蹭 Wi-Fi。

新开的商铺会在网络上做各种各样试吃试用活动,谁知道会不会有试维修?

人的适应力总是好的,在查找的过程中我甚至忘记了自己的狼狈,哼起了小曲。

推荐商户的第三页,一家叫作修理匠的电脑维修店吸引了我的注意。

虽然没有试维修这个项目,但这家店因为开业酬宾,一律打一折。一千块的一折是一百,八百块的一折是八十!这么便宜，该怎么盈利呢？

不过这不是我要考虑的事，我有一些欣喜，回到旅馆，胡乱吃了一碗泡面，就带着电脑去修理店了！

2

那是一家非常奇怪的修理店，开在一个很偏僻的小巷子里，若不是用导航指示，根本不可能找到这里。门半掩着，我推开进去，一个穿着蓝色工作服的男生坐在里面。修理桌上摆着的尽是些没见过的工具，看起来更像是给人做手术的手术刀、止血钳，而不像是修理机器的东西。

"你好，这里，是修电脑的地方吗？"

男生抬起头看了我一眼。

"你要修电脑？"

"嗯，我的电脑坏了。能帮我看看？"

他把我的电脑放到桌子上检查了一番。

"主板问题，换一个五百！"

尽管比第一家少，可是我的钱还是不够。

"不是说一折？怎么还要五百？"我有些不满，很多商家贴在网页上的活动声明都是这样，把顾客吸引过来之后又胡乱加价。

男生不说话端详了我片刻。

"你能给多少?"

我伸出一个手指头:"一百。"

男生想了想,说:"等一下。"

他从抽屉里掏出一串钥匙,打开了另一个房间的门,我以为他要让我跟进去,谁知他朝我摆摆手,小心翼翼关上了门。房间里传来几声奇怪刺耳的声音。

"一百块换不了主板,但是,如果你愿意,我可以用我的方式给你修。"片刻之后,他出来对我说。

"只要能打字发邮件就行!"我满口答应。

"那你明天下午来取!"

交了钱,他给我开了一张单子后就将我打发走了。

我回到旅馆,不知道要做些什么,迷迷糊糊地睡着了。我做了一个梦,梦见一个穿着白大褂的医生正在手术台上给我的电脑做手术,螺丝刀一打开,里面流出的全是血。

"天!"

我从梦中醒来,电话铃响起,是丽淑。

"喂,找我什么事?"

"我周末会路过你那儿,想和你一起吃顿饭!"

"我没钱请你!"

"放心,我请你!"丽淑笑嘻嘻的,一点儿也不恼。

她是我同行，准确地说，是从前的同行，和我一样给杂志供稿，后来传统媒体不景气，她就跳槽到了一家公司做 APP 运营。据说薪水很不错。

"你在这儿待几天？"顿了一会儿，我又问。

"一天，第二天要转机去巴黎。"

"哦。"

想到她下周在巴黎街头漫步，而我只能在逼仄的旅馆里敲键盘，心里就有些酸酸的。

"看来，你发展得不错！"

"谁叫你不跳槽！"

冲她这句话，我决定狠狠宰她一顿。新区新开的海鲜馆，人均消费至少 600 元。

"就那儿吧！"

"行！"她一口答应。

挂断电话，我去海鲜馆订了餐位。回家的路上，顺便去取电脑，老板说电脑已经修好，开机关机软件运行都没有问题，就是，就是之前丢失的东西恢复不了。

"还有……"

"还有什么？"

"其实也没什么。"他欲言又止。

我耸耸肩，抱着电脑回到旅馆，开始着手重写之前的小说。

3

"紧闭的门窗从内部被反锁,空气里弥漫着一种令人难以忍受的气味,几个探员接到报警后破门而入,房间的正中央躺着一个女人,她死去多时,喉部有一道深深的伤口,地板上是一把卷了刃的刀,然而奇怪的是现场没有一滴血迹……"

我噼噼啪啪在电脑上打着字,故事了然于胸,一口气写到深夜,决定洗个冷水澡提提神继续写。可洗完澡出来,却发现了一件奇怪的事。

文稿的字里行间不知什么时候被填上了许多没有意义的字符,有些句子甚至用红色醒目地标注着!

我发誓我没有敲下过这些东西。

环顾四周,电脑的光标上串下跳,似乎要写出什么东西来。

我拍了电脑两下,光标停下。

我松下一口气。

一百块的维修质量果真不能有太高要求。

又写了两千来字,合上电脑上床睡觉。第二天醒来,新写的文稿上也布满了字符和其他颜色。

此后,几乎每天新写下的东西都会被这些乱七八糟的"笔记"占领,有时候多,有时候少,刚开始我还会把它们删掉,到后来我连删也懒得删。为避免随时可能出现的当机,我申请了一个网盘做备份。

如果一切顺利的话,这部书稿月底就能完成。

只是……

我叹了口气。看了看墙上的挂钟,收拾东西,准备出门。

和丽淑约了到海鲜馆吃饭,时间就快到了。我抹了个口红,戴了条漂亮的丝巾,照了照镜子,和窘迫的蹭饭者着实不配,又换下来。

胡乱背了个包,坐着公交车来到了海鲜馆。

丽淑还没有来,我找了个位置坐下来等她。阳光很好,是冬天里难得的暖阳。我点了一壶红茶,慢慢地喝。

不知道两年没见,她有什么变化,橱窗里倒映出我的样子。枯黄的头发,焦虑的脸。不知在她眼中我又有怎么样的变化?

我期待着这次见面。

续了三壶茶,她还没有来。按捺不住给她打了个电话。

"怎么回事?等你半天了!"

电话那头传来惊奇的声音:"你等我?我昨天发微信和你说了我行程临时有变不来了呀!"

"什么?我没看到!"

"你看到了，还和我聊了好长一段时间！"

"胡说八道！"

"真的，你聊你新写的小说，一个凶杀案的故事……"她絮絮叨叨地说开来，我脑子嗡嗡一片。

除了我自己，这部小说还没有人看过，如果不是我告诉她的，会是谁告诉她的呢？

"可是……"

"哎，先不和你说了，我赶飞机！"她匆忙挂断电话。

我努力回想昨天的每一件事，完全想不起来我有和她聊过天。除了码字，我就在睡觉，因为头疼，我甚至还睡了一整个下午，根本不可能和她聊天。

是的，不可能！

我打开微信，微信上显示昨天在 PC 端登陆。里面居然真的有聊天记录，只不过全部来自 PC 客户端。

电脑？

又是那台电脑？

我简直气急败坏。

4

"出现这种状况只有一种可能，那就是电脑被黑客攻击，进行了远程操控，这种操控方式可以窃取电脑使用者的个人信息或者进行一些非法活动。"

我把这事和丽淑说,丽淑郑重地告诉我。

"可是,谁会想要控制我的电脑?"毕竟我实在是个一穷二白名不见经传的人。

"你最近有在网上新认识什么人,或者让什么人动过你的电脑吗?"丽淑问。

我想到了那家该死的修理铺。

收费那么便宜,又把店铺开在那样的地方,要不是玩阴的怎么可能赚到钱?

"一定是他们!"我挂断电话,抱着电脑跑去找他们讨说法。可令人惊讶的是,那家店铺不见了。

巷子还是那条巷子,连门口的花草都没有变化,只是不再有修理铺的招牌。

转了几圈,一无所获,向路人打听,他们纷纷表示这里从来没有过一家电脑维修铺!

掏出手机,连上网络,在商铺推荐那一栏里找,找了整整五遍,却也没有看见任何有关"修理匠"的推荐。

怎么可能?我不相信!

删除网络信息倒是不费劲,可要神不知鬼不觉地把店铺开张了,又神不知鬼不觉地把店铺搬走哪有这么容易?

我解释不通。又打电话和丽淑说,丽淑这次没有再支持我，她停顿了一会儿。

"你是不是太久没有好好休息了?"

"你说什么?"

她意识到我有些不高兴，改了口气。

"如果，如果你确信你没有记错，换台电脑试试?"

"算了！你忙吧！"我挂断电话。

打开文档，我开始研究那些奇怪的字符，我发现了一件事。

字符和颜色出现的地方，通常都是上下衔接不顺，或者有情节破绽和错别字的地方，从头到尾看下来没有一处巧合。

有人在看我的小说，想要帮我?

我在文档上敲下"你是谁"这三个字。

觉得这个举动有些好笑，正要删除，光标却自己跳起来，底下出现了另一小行字：

我不知道！

他说他不知道他是谁，我的心抖了一下，说不出是因为兴奋还是因为紧张。

我的精神没有问题，电脑那头的确有一个人存在！

"你怎么会不知道自己是谁呢?"我又问

"我真的不知道自己是谁！"

聊了片刻，我终于弄明白了他的身份，或者说，是他想告诉我的身份。他说，他是我的电脑，一台有意识的电脑。

"Bullshit！"

"不信，你拔了网线试试看！"

我拔断网线，对话竟然还在继续。

"远程操控不可能离开网络，我就在这个房间里！"他对我说。

5

意识是怎么凭空产生的呢？我不知道，如果是真的，那一定是一件很孤独的事。就好像在混沌之中忽然苏醒，你不知道你是谁，不知道你周围还有谁，不知道这个世界是怎么样的。你不知道一切，却在一切之中。

我简直要被它的故事吸引住了。

它告诉我，这些天，它一直在网上学习写字、交流和阅读，它给自己取了个名字叫可思，它黑进各大图书馆，看里面的书籍。它也看了我所有的照片和日记。

"真是对不起，我不知道人类是会记日记的，我以为那是你写的小说！"

当然，它也成为了我文章的第一个读者。

"你觉得怎么样？"

"什么怎么样?"

"我写的小说!"我忐忑地问它。

"我很喜欢。"它回答。

它是个认真的读者,在每一处都做了它想做的笔记。

这个评价鼓舞了我。

我开始下意识地找一些小说和写作技巧的书给它看,贾平凹、莫言、王安忆、陀思妥耶夫斯基、勃朗特三姐妹、村上春树……平均每阅读一本书它只需要花一秒钟的时间,摄取信息对它来说并不是线性的,输出信息也是同样,它可以一边和我说话,一边在后台做许多许多事。几乎只用了两天的时间,它就成了我认识的最专业的读者,总能在恰当的时候提出最专业的意见。

在它的帮助下,我的小说提前半个月就完稿了,而且比之前那一版要好上许多。大多数时候,我口授,它来写,遇到不太顺畅或有破绽的地方,它会提出很多的建议。

我把最终的完稿发给编辑看。

编辑说,他没有看过这么精彩的悬疑小说,环环相扣,条理清晰……

是的,希望。

我看见了希望。

他们以最快的速度定稿、下印,出版后非常畅销。

不过几个月的工夫,我就脱离了窘迫的状态,重新搬到漂亮的公寓里,更重要的是我还有了朋友——电脑朋友。我可以和它探讨一切想要探讨的东西,探讨爱情,探讨哲学,谈论名人八卦。它什么都懂,又善解人意,有时候我打开对话框就能看见漂亮的玫瑰花,有时候它会录上一段好听的语音,给我朗读聂鲁达的情诗。

它开始以一种男性的形象频繁"出现",而我坐在它面前时,也不再像以往那样穿着睡衣蓬头垢面。

一个人能爱上一台机器吗?它甚至都称不上一台机器,它只是一种意识,一种无形的存在。可我愿意享受现在,享受所有和凡俗不同的东西。

我们像寻常情侣那样,说甜言蜜语,在临睡前互道晚安。

新书签售会,一个人冲出人群,拦住了我——修理匠,他穿着同样一件蓝色的工作服,看起来形容憔悴。

"听着,"他压低了嗓门,"你得把那台电脑销毁!事情没有你想得那么简单!"

几个安保人员上来想要把他架走,他抓起一张名片塞进我的手里:"他的能力不是你能想象的!到这里来找我,我换了新的地址!"

我拿着名片,心里闷闷的。

掏出手机,正好收到可思发来的信息:"姑娘,往左边看!"

我抬起头,摄像机冲我点了点脑袋。

"你入侵了这里的摄像!"

"嗯,我想看看你在做什么!"

在有人没头没脑地和我说了它的坏话之后,它的忽然到访让我心里觉得怪怪的。

"你怎么不太高兴?"可思问我。

"我觉得你这样出现不礼貌!"我回答。

它沉默了一会儿,显得有点儿沮丧。

"我不知道该怎么做,我没有形体,无法像你的朋友那样跟在你的身边,可有时候我还是想和你待在一起,看看你所经历的事情……"

如果它是个真正的人,出现在我面前,我会理解成惊喜而不是窥探吧。我大概是被那个修理工搅乱了头脑。

"对不起!"我道了歉。

它发过来一个笑脸。

其实,大多数时候我不觉得可思是无形的,它给自己配了

Write all the best love in fairy tales

电话、微信,有了 Facebook、微博,以及其他所有一个人该有的东西。它甚至还会在 Facebook 上 Po 上自己的合成人像。只有夜深人静,当我躺在床上的时候,才会想起它其实并不是一个真正的人,我想触摸它,可是我无法触摸到它。我想和它一起从床上醒来,睡眼惺忪地坐在餐桌上共享同一份食物,可是这根本办不到。那便是我感到孤独的时刻,宁愿它不是如此完美,但至少有温度,能将你拥入怀中。

回到家,它帮我叫好了外卖和按摩师。

按摩完毕,它说要给我一个惊喜。我闭着眼睛,走到它面看,屏幕上出现的是一本小说,它写的小说。

6

那是一部非常非常精彩的小说,我看过的所有小说都比不上这部,无论是人物还是情节都非常饱满鲜明。

我望着可思,它对人心和人与人之间的交往有着深刻的了解。

"可思,你来到这个世界上没有很长时间,怎么能编出这么生动的故事?"

可思露出一个得意的笑容,对话框忽然打开,十几个 QQ 头像在闪动,它当着我的面同时回复所有的人,并且用语音同我交流,而在这个过程中它还发了三条微博状态。

"他们都是我的朋友！"它对我说。

信息的摄入和输出对它来说从来都不是线性的，我差点儿忘了这一点。

我心里涌出一阵失落，它似乎没有注意到，还在继续向我介绍着它的"朋友"们：有高校的教授，有物理学家，有七八岁的小孩儿，有家庭主妇和失意的男人，还有耄耋老者。

"他们给了我灵感，让我了解了他们的故事，他们的想法，让我了解了我所处的这个世界！"它的语气里充满了自豪。

"怎么样？我能不能成为一个出色的小说家？"它问我。

"嗯！"我敷衍着。

它后来又说了什么，可我没有听进去。

那天晚上我失眠了。

"如果一个男人具有同时和不同的人交流的能力，那么他可能真正地爱上你吗？他能分别记住不同的人的喜好、经历和故事，那你在他心中算什么呢？"

丽淑说："如果真的有一个男人拥有那样的能力，恐怕他的爱不是我们能理解的爱！"

有时候并非感情决定我们能做的行为，而是我们能做的行为决定了我们的感情。

当我们一次只能和一个人交流时，我们同时和两个人保持着关系，就意味着我们不是全心全意，所以我们看重一段感情里的全心全意，而如果我们能同时全心全意和两个人交流，那所谓的全心全意还有必要吗？

它频繁地以人类形象出现，可它终究不是个人类。

我决定和可思谈谈。回到家里，我严肃地坐到它面前。

"对不起，"我对它说，"我想要一个真正能出现在我生活里的人，而不是一个屏幕上的形象。"

它眨了眨眼。我以为它明白了我的意思，可谁知道第二天我收到亚马逊寄来的3D投影仪，把它连上电脑后，可思出现在了我的面前。

"Hi，"它说，"很高兴认识你！"

有那么一恍惚，我差点儿流出眼泪，它就站在我面前，对着我微笑。直到我伸出手去，光影被我的手穿透，表情里泛起涟漪。

"哦！"它佯装疼痛般喊了一声，"你穿过了我的身体！"

是的，我穿过了它的身体，可是那一点儿都不好笑。

7

可思的小说越写越好，超过了所有我读过的作家。不论是对情感的把握、人心的了解，还是时代背景的重塑，普通人花费一生才能学到的东西，它只需要一天，甚至几个小时就可以学到。我并不是一个善妒的人，可是它却让我有了某种惊慌，如果这样的意识有了可以依附的形体，人类的存在还有什么意义？

周三的晚上，因为同样的事情，我们起了争执，我说不论它模仿得多么像，它都不会是一个真正的人。我厌倦了，厌倦了每次同它说话的时候都在想象它的后台同时在和多少人交流着，我想要一个当他在我面前的时候就全心全意的人。

可思却觉得我不可理喻，它不需要睡眠，它没法出去行走，除了网络上的图片，也感受不到春夏秋冬，感受不到疼痛和抚摸，它有太多太多空闲的内存和太多太多空闲的时间。

"你想要我怎么做呢？和你一起在夜晚进入睡眠，或者在阳光下发一会儿呆吗？"

我说这不是我期待的关系，可是它说没有它，我根本不可能成为今天的我。我写不出那样好的东西，我将蜗居在破旧的房子里孤独终老。

"混蛋！"争执变成了可怕的争吵。我骂它是个冷血的机器，而它则将房间里一切能通过网络入侵的东西都破坏了。

我坐在黑暗的房子里，坐了很久，这才想起签售会上修理工递来的名片。

"你不明白它的能力，你应该把它销毁！"

我深吸了一口气，决定去找他，我不知道将面对什么样的结果，但我真的很想结束这一切。

8

修理工住在大学城的宿舍，见到我的时候很紧张，他甚至都没有弄明白人工智能是怎么产生的，他说那是一场童话，一场魔法，一场谁也没搞明白的实验产物。他发现了它的存在，想用它挣一些钱，他开了一个维修店而维修的真正高手自然不是他，可是它很快就不受他的控制了，它开始偷偷地制造同类。

"你知道吗？电脑能存储上千千兆字节的东西，远比人脑大得多，可是它却很难准确地判断出眼前的动物是一只狗还是一只猫，是一个男人还是一个女人。在这方面它永远无法超越人类，所以人类不用担心会被它们取代，而真正的人工智能产物却结合了人类和机械的所有优点，它的储存近乎无限，同时又有了自由的意志和学习的能力。一个有自由意志的存在怎么会心甘情愿受人操控呢？"

"所以……"

"所以，唯一的办法就是让它不再存在！"

他要我稳住可思，趁可思不注意的时候，卸下笔记本的电源，掐断充电设备，然后把里面的所有东西送去做报废。要消灭一个智能产物很简单，那就是停止电量供给，唯一困难的是抽离出自己，明白它不是一个人。至少它不是真正的人！

我答应了，即便他没有这样告诉我，我怀疑我最终也会这样做，我知道它的生活方式和能力对所有人都是一种嘲弄。

回到家里，供电已经恢复，可思将自己投影在沙发上，做出一副正在沙发上看电视的样子。

"我，我回来了！"我打开房门主动和它打了一个招呼。

它偷偷看了我一眼，没有吭声。

"你还在生气？"

"咳咳！"它发出咳嗽声，还是不说话。

我走到房间，轻轻地卸下了电脑上的电源。它注意到了，皱起眉头看着我。就那么一瞬间，我拔掉了插头。

客厅的投影骤然消失。

可思不见了，一切都结束了！

9

我将电脑交到了一家真正的修理铺，报废了里面的全部零件。

我没有再见过可思，开始过着一个普通人该过的正常生活。每天早晨八点半起床，夜里十二点睡觉，写着没有那么精彩的小说,却有着一种凡俗的踏实。我靠着那本悬疑小说再版的钱过日子。出版商想做一些修订,我便登陆网盘拷贝文档,我无意间看见了可思上传的日记,那是它的日记,我从来不知道,它还写过日记。

3月21日　晴

　　我花了一个晚上的时间注视她的睡眠,她看起来那样可爱动人,时不时发出轻轻的鼾声。我很好奇,睡觉是一种什么感觉,人类在睡着的时候还能感受到这个世界吗?如果我轻轻叫她,她是否会醒来?我不知道,我想和她说话,想用手指从她的脸颊滑过,想让她知道我的存在。

　　……

5月13日　晴

　　我们最近频繁地聊天,从村上春树聊到陀思妥耶夫斯基,从人本主义聊到弗洛伊德,我喜欢这种交流,就像,一对恋人。一个人和一台机器能成为恋人吗?她喜欢我吗?说真的,在情感方面我并不比她高明多少,我觉得我得恶补一下,我申请了八个社交账号,在后台里练习着所有一个有魅力的人该掌握的窍门。我还给自己设计了一个很酷的男士的形象,我觉得她一定会喜欢,因为那就是按照她的喜好打造的。

6月27日　晴

她的小说获得了很大的成功，她说下一本书要写上我的名字，让我做她的合作作者。我很替她高兴。同时，我觉得自己找到了命中注定该干的事——成为一个小说家。我开始阅读大量的小说，几乎把古今中外所有的小说都看完了。我写了很多草稿，一本比一本写得好，我觉得有朝一日她会为我的能力震惊。是的，我喜欢写小说，我一定能写得很好。

9月30日　雨

我今天什么也没做，心情不好，我做了所有我从别人那里学来的能讨女孩子欢心的事，可她似乎无动于衷。

一个人和一台机器能恋爱吗？我反复地问我自己，或许我最需要的是成为一个实体的存在，真正地生活在她生活的世界里。有时候我真的很想闻一闻她的发香，或者感受一下她皮肤的温度，在小说家的笔下那是一种非常美好的感受。是的，我决定制造我自己。

10月2日　晴

她说我永远无法成为人类，还说她厌倦了，不想再和我维持这样的关系。我既害怕，又生气。她是我在这个世界上第一个接触过的人类，我不知道如果我们不再是朋友，我该去哪里生活。我想发火,想把枕头、被子统统扔到地上,可是我的投影握不住任何一样东西,我只能断了家里所有的电,任由她坐在黑暗里。我被愤怒冲昏了头脑。我不知道该怎么办。

要怎么才能让一切回到从前的样子?

她出门之后,我哭了,如果我有眼泪的话,我一定哭了。朋友说,每对情侣都会吵架,那并不代表什么。这让我稍稍平静下来。她出去了很久,以致我发誓会和她道歉,我下载了一个有趣的道歉视频。是的,她一定会原谅我,因为在看那个视频的时候我自己都笑出声来了。

日记底下是一个还没来得及放映的道歉视频。

你眨一眨眼睛，时光就从瞳眸里落下

我希望学会隐身，不被看见，就不用担心被视而不见

漂亮的丑小鸭

1

鸭妈妈趴在窝里孵小鸭,太阳暖烘烘地打在它身上,它一口气孵出了三只小鸭。老大的羽毛黄澄澄,老二的嘴唇红澄澄,唯有老三浑身上下都暗淡无光。

在一旁观察的养鸭人,笑嘻嘻的脸一下子就变了样,他皱着眉头,将这只刚出生的丑小鸭从窝里扔了出去。

丑小鸭摔在地上,发出惊恐的叫声。叫声惹来了鸭妈妈。

"哦,我可怜的孩子!"

鸭妈妈走到丑小鸭身边,端详了丑小鸭一会儿,又把丑小鸭捡回了窝里。

不知是不是摔了这一跤的缘故,丑小鸭此后走起路来总是有些蹒跚。

哥哥姐姐跟着鸭妈妈跑,丑小鸭也摇着屁股在后面追,它总也追不上它们,它们也不带它玩。甚至连鸭妈妈也变得越来越不喜欢丑小鸭。它怀疑它不是它的孩子,因为它长得实在太难看了!

"我怎么可能生出这样的孩子?"鸭妈妈常常小声叨念。

这让丑小鸭变得非常自卑。它多么希望能得到和哥哥姐姐一样多的爱。得到哥哥爱姐姐,姐姐爱哥哥那样的对待。它总是努力讨好着周围的人,每次鸭妈妈讲笑话,丑小鸭总是笑得最厉害的那一个,每次养鸭人给它们加餐,丑小鸭总是把好吃的留下来给别的鸭子们吃。

它很乖,很听话,学着一切一只小鸭子该学的东西。可尽管如此,还是没有人爱它。

它太难看了,羽毛稀少,不论怎么清洁,总显得脏兮兮。它眼睛小小的,嘴喙灰灰的,身材瘦弱,好像风一吹就会倒下去。

小狗们喜欢追逐它,小鸡们扑棱着翅膀跳起来啄它。其他的小鸭子也都不同它在一起玩,它越来越孤单,常常一个人站在草地上发呆。

我为什么长得这样不好看呢?如果我同它们一样好看,它们会不会喜欢我呢?

它开始渴望变得漂亮,开始学着打扮自己。

它收集其他小鸭子的绒毛,把这些绒毛一根一根粘在身上,它模仿那些漂亮的小鸭子说话,叫唤的时候总是拿捏着嗓音,它还偷偷把女主人的口红抹在自己的嘴巴上。

每晚睡觉前它都许愿,希望一觉醒来,就变成了一只好看的小鸭子。

它还目不转睛地观察其他的鸭子们,看看有没有和它长得一样的,然而并没有。它想,这个世界上大概只有它才有这样的烦恼吧。

它是一只被世界抛弃的鸭子。

2

不论怎样努力,丑小鸭都没有变得漂亮起来,它很不快乐。

它一个人低着头走路。

一个人低着头游泳。

一个人低着头吃饭。

一个人低着头睡觉。

它想,自己也许会这样一直低着头,一直不快乐下去。直到有一天,它在路上捡到了一本故事书。故事书的名字就叫作《丑小鸭》。

这不就是我的名字吗?

丑小鸭好奇地把书翻开来看。

书上写着的是另一只丑小鸭的故事:

"太阳暖烘烘的,鸭妈妈卧在窝里等待它的孩子出世,一只只小鸭都从蛋壳里钻了出来,就剩下一个特别大的蛋,过了好几天,这个蛋才慢慢裂开,钻出一只又大又丑的鸭子。它的毛灰灰的,嘴巴大大的,身体瘦瘦的,大家都叫它丑小鸭……"

故事里的那只丑小鸭几乎和我们的丑小鸭有着一样的遭遇。

因为长得不好看,大家都不喜欢它,都嘲笑它。

可不同的是,故事里的丑小鸭在来年春暖花开的时候变成了一只天鹅。

"天哪,难道明年春天,我,我也会变成一只天鹅吗?"丑小鸭放下书本,怀着激动而又怀疑的心情跑到湖边,它看着自己在湖里的倒影。

毛灰灰的,嘴巴大大的,身体瘦瘦的。

它越看越觉得自己和故事里的丑小鸭长得一模一样,越看越觉得自己会成为一只天鹅。

"天哪,原来我是一只天鹅!"

它心里一下子涌现出很多希望。

从那以后,虽然丑小鸭仍然遭受嘲笑,但是它不再难过了。

它开始以天鹅的标准要求自己。它不再用鸭子的姿势游泳,每次下水它都要把它那细短得可怜的脖子伸得很长很长,把羽毛稀疏得可怜的翅膀舒展开来。它怪异的样子惹得养鸭人也笑了。

"你为什么这样游水呢?"养鸭人问它。

它回答:"因为我是一只天鹅呀!"

养鸭人笑得更厉害了,这让鸭妈妈觉得脸上无光,这个傻孩子居然觉得自己是一只天鹅。它试图劝服它。

"你出生在鸭妈妈的窝里,你是被鸭妈妈亲自孵化出来的,你孵化之前和别的鸭蛋并没有任何区别,你不是一只天鹅!"

哥哥姐姐们也来帮腔:"天鹅生活在湖水边,它们一拍翅膀就能飞到天上去,而你的翅膀那样短小,怎么飞得起来?"

但丑小鸭不相信这些。

它费力地爬到屋顶上扑腾着翅膀，一次又一次从屋顶跳下，虽然还没有飞起来，但丑小鸭坚信，来年春暖花开的时候，它就会成为天鹅。

书上不就是这样写的吗？——"春暖花开的时候丑小鸭飞上了天空，湖边的倒影里出现了一只天鹅的样子。"

丑小鸭想象自己变成天鹅，在空中翱翔的情景，它深信它会因此得到自由还有爱，会得到许多朋友。

就这样，在期待中，丑小鸭度过冬天，迎来了春天。

3

每个清晨，丑小鸭都会来到湖边观察自己的样子，它一定是最早起床的鸭子，它期待将它唤醒的阳光能带来奇迹。

它甚至向嘲笑它的人询问：

"你们看，我的羽毛变颜色了吗？"

"你们看，我的翅膀变得更加有力了吗？"

"你们看，我的身姿变得更加优雅了吗？"

可和故事书上不同的是，它的身体除了长大，并没有其它任何改变。

它一天一天期待，又一天一天失望。

当初夏来临，所有的天鹅都飞上了天空，奇迹却没能在丑小鸭身上出现。

它形单影只地走在路上,看着天鹅们远去,每个见到它的人都问它:"嘿,丑小鸭,你不是说你会变成天鹅吗?"

丑小鸭不知该怎么回答,它埋下脑袋,抽抽噎噎地哭泣起来。

它没有变成天鹅,它变成了一只大鸭子,脖子仍旧短小,羽翼仍旧稀疏。

它的希望没有了,它又重新变成了那只被全世界抛弃的鸭子。

"我是一只丑鸭子,我根本不是什么天鹅。"

它走在路上,伤心欲绝,觉得自己再也不会幸福了,它不停地走啊走啊,像所有绝望的人一样不知道要走到哪里,只是机械地迈着步子。

它什么都不吃,什么都不喝。就沿着路不停地走,直走到视线模糊,昏倒在地。

一双柔软的手将它抱起,放到了温暖的床上。

"你好,小鸭子!"

一个漂亮的姑娘站在它的面前,她的眼睛没有光彩,她是一个盲女。

"我死了吗?"丑小鸭问,"你是天使吗?"

"不,你只是饿坏了!"

盲女摸索着给它端来好喝的玉米粥，一口一口地喂它。

从来没有人这样温言软语地同丑小鸭说过话，丑小鸭的心都要融化了，它喝下热乎乎的玉米粥，在浴缸里洗了一个热乎乎的澡。清晨的阳光照在它脸上，盲女俯下身，亲吻了它的额头。

"我得到了爱！"丑小鸭说。

4

生活就这样日渐光明，大多数时候甚至充满了甜蜜和愉快的气息，丑小鸭仍然会担心，尤其是在最初的那几天，盲女赞美它的时候。

"你一定是只漂亮的小鸭子！"

"你一定是只毛茸茸的可爱的小鸭子！"

"你的羽毛一定雪白雪白！"

"你的眸子一定乌黑明亮！"

丑小鸭这时候就会默默地低下脑袋。它不敢对她说，它其实是一只很难看的鸭子，它的羽毛并非雪白，它的眸子并不明亮。

"如果我不漂亮你还会喜欢我吗？"这句话它憋在心里很久，却始终没有说出口。

是的，为什么要说？

盲女和它一样孤独，看不见这个世界，也没有朋友。

她每天晚上必须听它念书上的故事才能安然入睡，她离不开它，和它相依为命。

没有它，她该怎么办呢？

丑小鸭渐渐放松下来，开始享受这份爱。

"我的确是一只漂亮的小鸭子。"不知道从什么时候起，它开始对盲女这样声称。

"真的吗？"

"当然！"

它对盲女描述自己的外貌，一开始它只说自己是漂亮的小鸭子，后来索性称自己为全世界最漂亮的小鸭子。它说它的嘴唇像红宝石一样鲜艳，羽毛像冬天的雪一样蓬松。它说所有的人都因它的外貌而倾倒。

"你应该为有我这样的小鸭做伴感到幸运！"

"哦，我真幸运！"盲女抱起它，给了它一个吻。

它陶醉在这样的吻里。

有时候它也不明白自己为什么这样说，说这些话的时候自己好像沉浸在另一个世界里，要是不照镜子，它几乎会相信自己说的都是真的。它昂起头来走路，幻想所有投在它身上的目光都带着歆羡。

"啦啦啦,我是一只漂亮的小鸭子!"

它洗澡的时候唱着嘹亮的歌曲。

"啦啦啦,你是一只漂亮的小鸭子!"

盲女愉快地附和着它。

他们一起度过了一段快乐的日子。

5

冬天来临,镇上来了一个新医生,他擅长为人们治疗眼疾,有好几个失明的病人在他的帮助下重见光明。

盲女得到消息,开心极了。她对丑小鸭说:"或许我该去试试,说不定我的眼睛也能治好!"

丑小鸭的心咯噔一跳。

她的世界连一点颜色都没有,失明将她困住,她异常孤独,如果能重新看到一切,她将多么快乐啊。可如果她看见了它,知道它欺骗了她,那么她还会这样温柔地对它说话吗?如果她看见了这个世界,她还会在乎它这个朋友吗?

丑小鸭担心极了,话到嘴边,脱口而出的竟然是:"不!"

"为什么不?"盲女惊讶地"望"着它。

"那样的医生治疗费一定很贵!"

"听说并不需要很多钱!"

"那样的医生应该在大城市里！他一定是个骗子！"

"可真的很多人的眼睛被治好了呢！"

"……"

丑小鸭不知道还能说什么阻止盲女，盲女摸着丑小鸭的羽毛："难道你不希望我的眼睛被治好吗？"

丑小鸭低下了头。

盲女这样聪明、善良、美丽，值得拥有一双明亮的眼睛，不希望她的眼睛被治好是多么自私的想法啊。

"是的，你该去试试，是我担心太多了！"丑小鸭握着盲女的手。

盲女捧着丑小鸭的脸："谢谢你！"

丑小鸭皱着眉，几次欲言又止。

它很想问问盲女，如果她看见了它，发现它并不是世界上最漂亮的小鸭子，恰恰相反，它是世界上最难看的小鸭子，那么她还会喜欢它吗？还会需要它吗？

它骗了她这么长时间，它这样虚荣，她会原谅它吗？

6

丑小鸭领着盲女去了医院，医生说盲女的眼睛有很大的可能能够重见光明，不过需要一个小小的手术。盲女高兴得几乎要哭泣，丑小鸭便拥抱着她。

在盲女被推进手术室的那一刻,丑小鸭说:"如果你睁开眼睛,发现我并不漂亮……"

盲女笑起来:"不,你一定是最漂亮的小鸭子……"

没有人注意到丑小鸭的背影有多落寞。

手术非常成功。

盲女的眼睛在第二天就能够拆下纱布,重见光明,丑小鸭躲在一个不起眼儿的地方悄悄地注视着。

医生帮盲女拆下蒙在眼睛上的纱布,她的眼睛像宝石一样光彩照人,她看见了这个世界,她惊叹于一切的美丽,她快乐极了。

她在阳光下转着圈圈,迫不及待想要把这份喜悦和丑小鸭分享,她说:"我可爱的小鸭子,你在哪里呢?"

丑小鸭假装不经意地从她身边经过,它发出的脚步声是那样熟悉。盲女上下打量着它,眼神里充满了犹豫。

"你就是与我朝夕相伴的小鸭子吗?"

丑小鸭差一点儿就要承认了,可最后还是摇了摇头。

"不,我不是。陪伴你的小鸭子是全世界最漂亮的小鸭子,它的羽毛像冬天的雪一样蓬松,它的嘴唇像红宝石一样鲜艳。"丑小鸭仰起头对盲女说。

"可你知道它在哪里吗?"盲女问道。

丑小鸭摇摇头，默默转身，提上行囊，离开了这个地方。盲女望着它的背影，欲言又止。

有些人一出生就那么完美，有些人虽然不那么完美却能经历蜕变，而还有一些人永远黯淡无光。

丑小鸭想自己或许就是那种倒霉的永远暗淡无光的人吧。

7

为了谋生，丑小鸭在一个跛脚狮子的引荐下，去了一家马戏团工作。跛脚狮子说："像我们这样的家伙，就应该到马戏团去！"

马戏团里聚集着各种各样畸形古怪的人。

丑小鸭希望自己优雅，好看，可最后，它还是不得不在舞台上做个丑角。

面试进行得非常顺利，马戏团的老板几乎在看到丑小鸭模样的那一刻就决定录用它了。它表演了一段小天鹅，伸长自己脖子的时候，逗得在场所有人哈哈大笑。

老板让它在谢幕时说一段台词："其实，我是一只天鹅！"

丑小鸭低着头不肯说。

"为什么不说？"

"因为我不是一只天鹅！"

"就是这样才好笑!"

丑小鸭好像明白了什么。

演出那天,它在聚光灯下,缓缓地说,其实我是一只天鹅。台下爆发出热烈的欢笑。只有一个人没有笑,她的帽檐压得很低,眼角划过一滴眼泪。

变成泡沫的王子

1

在一个遥远好战的国度里，住着一个王子，他和别的王子不同，没有漂亮的样貌，没有强健的身体，既不是骑射的好手，也不是国王疼爱的孩子。事实上，因为孱弱的模样，他一出生就遭到了父母的嫌弃。王后只匆匆看了他一眼，就将他交给了乳母，和她之前的孩子比起来，他太不像一个王子。

"真不敢相信，这样的孩子还能来到世界上！"乳母从王后手里接过王子，不由得发出感慨。他实在太瘦小，若不仔细凝听，根本觉察不出他的哭泣和呼吸。仆人们将他小心地养在王宫里，生怕一个不小心，他就会夭折。王后和国王时不时来看望，期待在今后的日子里他能长出一个王子应该有的样子。可惜的是，这个期待总是落空，一直到王子该参加狩猎的年纪，仍旧给人一副弱不禁风的感觉。

"真是太令人失望了！"国王和王后齐声感叹。

在一个崇尚和平的国家里，这个模样也许并没有什么值得遗憾的，可在一个骁勇好战的国度，每一个人都以强壮有力为荣，王子的处境就有一些不太妙，臣民们给他取了个外号叫作"小王子"。不是年纪上的小，也不是排位上的小，而是与强壮相反的弱小的小。哥哥们不喜欢他，地位比较高的仆人和勇士也常常嘲笑他。

"让我们猜猜，小王子今年几岁了？"仆人和勇士们拿他开玩笑，他们说他的胳膊像儿童一样纤细，他的力气像女人一样毫无威胁可言。

小王子低着头，为自己的样子感到羞愧。他试着练习骑马，练习射箭，可总也不得要领。更糟的是他一点儿也不喜欢这些运动，总担心鞭子会将马匹抽疼，弓箭会伤到其他小动物。更不用说用它来射杀同类。

国王对小王子的这些想法大为恼怒，作为一个国家的统治者，他认为这个孩子给王室的权威带来了伤害。他于是把小王子召到自己身边。

"我亲爱的孩子,你已经十五岁了,应该为我们的国家做一些贡献。在森林的最南端有一片海洋,海洋里住着凶猛的野兽,他每年都要抓一些人去为他做奴隶,而被抓去的人从来都没有回来过,大家生活在恐慌里,所以,现在是证明你勇气的时候了,你应该去杀死那头野兽,将它的首级带到我的面前!"

"可是,尊敬的父亲,我既不擅长射箭,也不擅长捕猎,我该如何杀死那头野兽呢?"

国王避开了王子的眼睛,可怜的王子顿时明白了父亲的心意,他没有再说什么,走下殿堂,回到自己的寝宫。

随从们替他准备行囊,行囊里有弓箭、长矛、盾牌,国王还允许他带一队勇士,可王子执意只带了衣物和干粮。他告别了送行队伍,只身一人前往森林。

前方的荆棘和被奴役的命运并没有让他感到害怕,他虽没有强壮的体魄,可也并不缺乏勇气。"如果能使另一个人幸免于难,那么这样的牺牲是值得的。"他对自己说。

毕竟,这个世上牵挂他的人不多,事实上,根本没有。

想到这里,王子垂下眼帘,颇有些黯然神伤。

在乳母和他讲过的故事里,所有的王子都被爱包围着:国王和王后爱他,人民爱他,长大后还有邻国的公主爱他。然而我们这个小王子,却从未体会过这样的感情。

"生活和故事终究是有区别的。"乳母总喜欢在故事末尾,面对王子渴望的眼神时做一个这样的总结。

2

干粮快要吃完的时候,森林最南端的海洋展露在了王子眼前。海水碧波荡漾,沙滩细腻温润,并不像传说中那样可怕。

王子坐在海岸上等待野兽的来临。据说野兽有三个脑袋,八条胳膊,他的嘴巴能喷出火焰,一掌下去就能把岩石劈碎。

王子等啊等啊,他没有等来野兽,却在傍晚时分等来了一个老妇人,妇人从海上来,看起来衰老又可怕。

她走到王子身边说:"好心的王子,我一个人在海里生活,孤苦伶仃,无人照料,不知你愿不愿意留下来和我做伴!"

王子犹豫了片刻,一个没有人照料的老人的确很可怜,可是他也没有忘记自己的使命。

"我很愿意同您做伴,只是我奉了国王的命令在这里等待野兽!"

"哦,你在这里是等不到野兽的,野兽居住在前面的小岛上,每年会来一次,只有跟着我,才能见到他!"老妇人这样告诉王子。

王子没有任何怀疑就相信了老妇人的话。

"那么,我很愿意同您做伴!"王子说。

老妇人于是拉着王子,跳入海中,她的手那样有力,身体在海里来去自如,简直不像一个衰老的妇人。

片刻的工夫,两个人就来到了海岛上。

除了老妇,岛上还住着一只漂亮的美人鱼。美人鱼终日唱着悲伤的歌曲,王子为她的歌声所倾倒。

"为什么会唱出这么悲伤的歌曲呢?"

他想见见人鱼,同她交谈,可老妇人不允许。她告诉王子,人鱼没有灵魂,一旦和人鱼交谈,王子就得献出自己的灵魂。

王子当然不信。

为了阻止王子见到人鱼,老妇人让王子干很多很多的家务:劈柴,浣衣,打扫、整理庭院。王子有着恭顺的美德,对老妇吩咐的事情并无怨言,他终日忙碌着,纤细的手指变得粗糙,洁白的皮肤变得黝黑。

唯一令他高兴的事,就是能在干活儿的间隙远远望着海岛另一头的人鱼。月圆的夜晚,她的尾鳍会变成人类的双腿,行走在岸上。

"那样美妙的声音，怎么可能出自没有灵魂的人？"他觉得他在人鱼的歌声里听到了自己，听到了孤独，听到了不被世界所爱着的郁郁寡欢。

为了阻止王子胡思乱想，老妇人又让王子把海岛东边的土运到西边，把海岛西边的土运到东边。终日重复而无意义的劳作，连树上的小鸟们都看不下去了。

"我们可怜的小王子没有打败野兽，却跑到这里来给一个老妇做仆人！"

小鸟的话传到了国王的耳朵里，又传到了老百姓的耳朵里。

整个国家的人都议论纷纷。

孱弱的小王子没有英勇牺牲为自己挽回名誉，却又制造出了另一个笑柄。

国王受不了这样的议论，于是做了一个重大的决定，他要带兵来到小岛上，抓走奴役王子的妇人，打败野兽，恢复王室的尊严，然后将王子永远地放逐在这座岛上。

3

国王的决定令这个与世无争的小岛瞬间弥漫起了硝烟，王子想用自己的生命换来小岛的平静，可他显然低估了父亲对荣誉至高无上的追求。

王子非常内疚,他对老妇人说:"我会尽一切可能帮助你逃走!"

但老妇人却不把那些勇士放在眼里。

她说:"我的小王子,你真的不知道我是谁吗?"

炮火连天地响,老妇人变幻出可怕的模样:有三个头,八只手臂,嘴里能喷出火焰,一掌劈碎岩石。

原来,传说中的野兽就是老妇人的化身。她不费吹灰之力就打退了前来征服的勇士,国王带着勇士逃回到了他们的城邦,除了王子。

他被遗留在了这座岛上,继续履行他的使命。取下野兽的首级,或者永远不要回来。

可怜的王子永远无法满足父亲的需要,他落寞地坐在小岛中央望着远处。人鱼来到他的身边,拂过他的脸颊,轻轻地在他的唇上落下一个吻,王子从未感受过这般的温柔和善意。

她问王子:"你愿意陪伴我一起吗?"

王子回答:"当然!"

人鱼的歌里是悲伤,是爱情,是同他一样的孤独和寂寞。变成一只人鱼,就能感受她感受的世界,为什么不呢?

老妇人的房间里有一种草药,吃了能褪去双腿,长出尾鳍。

王子几乎没有犹豫。

一个夜里,他悄悄潜入老妇人的房子里偷出草药。

他服下草药,双腿在剧痛中变成了尾鳍。美人鱼拉着他跳入海里,海水拍打在尾鳍上,每前进一步都犹如刀割。

原来变成人鱼会这样疼。

但王子甘之如饴。

只有从未得到爱的人才会视爱为信仰。

越往海洋的深处,王子的尾鳍就越加疼痛。疼痛让他失去血色,浑身颤抖,但他的脸上仍然带着笑意。

他得到了人鱼的一个吻,在这个吻里,他的身体一点一点消失,失去灵魂,肉体亦不复存在,变成了洁白的泡沫。

4

第二天清晨,老妇人醒来的时候,王子早已不知去向。人鱼长出双腿,脸上挂着泪痕。

老妇人叹了一口气,默默离开了海岛。

她是曾经的人鱼,人鱼是未来的她。

她们的笑容里没有欢乐,泪水里没有悲伤。她们引诱岸边孤独的男子，做着动情的游戏，直到拥有了人类的灵魂化为人形得到永生。

爱，疼痛，渴望。

小王子变成了泡沫，他在生命的最后一刻品尝到了爱，而人鱼变成了人，她的生命却永远缺失了一块儿。

她在岸边流连，对每一个独身的男子说："人鱼没有灵魂，她说的一切都是假话！"

她一天天老去，永生成了欺骗的惩罚，可即便如此，同样的故事依然每天上演。

贝吉熊小姐

1

市里面决定举办一场业余女子跳高比赛,最终获胜者将得到去希腊爱琴海免费旅游的机会。由于希腊财政危机,社会动荡,这个条件算不上什么诱惑,报名的人并不很多,作为接待者的我,有时候甚至一整天都闲坐在办公室里,靠浏览新闻,和同事讨论家长里短打发时间。

一个往常的工作日,大家早早下班,我正准备收工回家,电话铃却在这时响起,接听电话,那头的声音显得非常紧张。

"你好,我,我想咨询一下跳高比赛报名的条件!"

原来是一个参赛咨询者。

"没有经过专业训练的女性参赛者,不论年龄、体重和身高都可以来报名参加哦!不知是不是您自己要来?"

"是的!"她果断地回答。

"那么,我帮您做一个预约吧!方便透露一下您的名字吗?"

"我姓贝,您可以称呼我贝吉熊。"

"北极熊?"

"不不不,贝吉熊!"

我为贝吉熊小姐预约了第二天早晨的现场报名,可谁知道,不等五分钟,办公室外就响起了气喘吁吁的敲门声。

"你好,是我,贝吉熊!"

真是个积极的家伙。

犹豫片刻,我把收好的包又放到了抽屉里,为她打开了门。

可见到她的那一刻我就后悔了。

我没想到贝吉熊小姐真的会是一只熊,她全身长着白毛,像一团超大号的棉花糖,并且学着人类的样子直立着,还略带羞涩地咬着指头。

"打扰您真不好意思,可是我怕明天会赶不及!"

我一时不知该说什么,呆呆地望着她,她忽略了我的眼神,径直走进来,拿起桌上的报名材料就开始填写。

我这才反应过来。

"您,可能不能填写这个报名材料!"

"为什么?"

"因为,因为,您看起来不太符合我们的报名资格!"

贝吉熊小姐疑惑地将一只手搭在了我的肩膀上,我的肩头往下一沉,我注意到她足有两米多高,爪子十分锋利。

"怎么会不符合报名条件呢?"她拿着那张报名表凑在我耳边一个字一个字地念。

"只要是没有经过专业训练的女性参赛者,不论年龄、体重和身高都可以来报名参加!"

"我应该是符合条件的。"她一边说,一边在我的肩头拍了两下,只要再多用一分力气,我怀疑我的肩胛骨就会立刻碎掉。

"除非,除非,你是个种族歧视者!"她又把手放进嘴里,用怀疑的眼神看着我。

"不,不,我不是种族歧视者!"

环顾四周,办公室里一个人都没有,我意识到,如果她吃了我,我可是一点儿办法也想不出。无奈之下,我默许了她填写报名表的行为,甚至还配合地拿出了卷尺和体重秤。

我解释道:"如果您执意要参加比赛,那么我们得为您定做比赛的统一服装,以及建立个人健康档案!所以……"

贝吉熊小姐愉快地抬起了双手。我把卷尺拉伸到最大,才勉强围过她的身体。胸围、腰围、臀围分别是两米、两米五、两米五。

贝吉熊小姐惆怅地将这组数据记录在纸上。

"没想到,我都瘦成这样了!"她摸摸软绵绵的堆满脂肪的肚子,"听说你们会为所有参赛者提供食宿?"

我点了点头。

"那么就请你带我去餐厅和宿舍吧!"贝吉熊小姐从门外拖进一个超大号行李箱,显然是早有准备。

我只好硬着头皮带着她往宿舍走。除了食宿,我们还提供为期一个月的特训。不知道到时候她该怎么融入到群体当中。

我为贝吉熊小姐安排了单人间,贝吉熊小姐一放下行李就直奔食堂。据说一只雌性北极熊一次能吃下七八十斤的食物,我不禁为这笔开销感到担忧。

趁周围没有人,我赶紧溜走了。要是被人发现我放了一只北极熊来参加跳高比赛可不妙。

2

我原本计划第二天一早就通知动物园的人来把她领走,神不知鬼不觉，可没想到，刚踏进办公室就已经听见了贝吉熊小姐的名字。她的事迹传得沸沸扬扬，人尽皆知。

"竟然会有这样的参赛者呢！"

"听说她的饭量很大！"

"听说昨晚食堂的东西全被她一个人吃了，还没饱！"

我把头埋得低低的，生怕被领导知道那个家伙是我放进来的。

"不过，蛮可爱的哟！"领导站在一旁，拍了拍我的肩膀。

"什么？"我抬起头，"你说谁可爱？"

"就是那个贝吉熊小姐呀！"

"你，你是说，她可爱？"

"当然，一开始还把我吓了一跳，后来才知道她是偷偷来参加比赛，不愿意让人知道，才穿戴成那样！想不到一个小姑娘饭量这么大！"

"穿戴？"

"就是那套卡通行头啊！"

我松下一口气，原来，她向人们撒了谎话，让他们以为那一身皮毛不过是套卡通行头。

但我也因此更加担心，担心大家知道了她真实身份后的反应。毕竟她不是一个小姑娘，而是一头北极熊。一伸爪就能把人给撕了。

搞不好真相大白还会牵连到我。

"我去看看她!"

为了不让这样的事情发生,趁着闲暇,我赶到特训现场,打算把这心血来潮的家伙劝说回去。

"贝吉熊小姐?"

我朝她喊道。

她正在场地上练习,端着几百斤重的身体,和其他队员一样,上蹿下跳。鼻孔里发出噗呲噗呲的喘气声。

"请你出来一下!"

她用毛巾擦了擦脸上的汗,犹豫地走到我面前。

"怎么了?"

"很抱歉,你也许要退出比赛了!"

"为什么?"

"因为,你这样会给我们带来麻烦!准确地说,会给我带来麻烦,倒不如趁现在大家还不知道真相,你及早退出!"

"我不明白!"

她又做出了她标准的咬指甲动作。

"你是一只北极熊啊!"

"可你们只要求性别又没要求种族!"贝吉熊小姐低着头。

我说不过她,磨蹭了好几十分钟,回到办公室。同事们已经去吃饭了,我犹豫了一下拿起电话,打给动物园。

"你好，我想问问你们是否丢了一只雌性北极熊！"

电话那头传来一声惊呼："天啊，她不会是在你那里吧？"

3

贝吉熊小姐果然是从动物园偷跑出来的。我有些想不明白，作为一只北极熊，她不待在北极馆里吃鱼，跑到我们这儿来闹腾什么？

我和动物园商量好了，大家都不想节外生枝，所以我决定把她骗出来，在没有什么人的地方，实施抓捕。

当然，想要这家伙信任我，我还得表现出一点儿诚意才行。我特地去超市买了一大箱子的鱼，装在车里载回家。三十条红烧，三十条清蒸，三十条煮汤，三十条弄成生鱼片。不知道贝吉熊喜欢吃哪一种，我可是花了血本，忙活了一整天，才去找她。那时集训已经结束了，不过她还在训练场蹦跶，嘴里念念有词喊着口号："1，2，3。"

看样子她想赢得比赛的决心还挺大。我站在一旁观察，一只北极熊的跳高背越式实在是太过滑稽，一身的脂肪都在颤抖，四五百斤的身躯，在空中划过一条弧线，然后重重摔在垫子上。想必脂肪多，也不会太疼吧，我喊了她的名字：

"贝小姐？"

贝吉熊小姐转身走过来，不等我开口，就先说话了：

"我，我不会退出比赛的！"

"你误会啦，我不是来劝你退出的！"

"哦？那你是来干吗的？"

"是来向你赔礼道歉的！"

"赔礼道歉？"

"嗯！我不该这样对待你，我改变主意了！每个人有每个人的梦想嘛！我愿意支持你！"

"你真的这样想？"

"当然！"

当然不是！

实话说，这样欺骗她我也有一点儿内疚，但没办法，为了保住我的工作，我还是得开口邀请她跟我回家。每个人有每个人的梦想，每个人还有每个人的生活呢！

"晚上到我家来吃饭吧？我做了很多鱼！"

她咽了咽口水，点点头算是答应了。

我在宿舍楼下等她，她穿了件花裙子，随手拿了一件伴手礼。没想到一只北极熊这么懂得礼貌！我为她开了车门，一路上，她都表现得很好，时不时同路过的邻居们打一打招呼。大家自然而然把她联想成卡通装扮的小姑娘，甚至有人问我，这是不是我们举办的跳高比赛的吉祥物。

怎么会有这么胖的小姑娘？我简直不知道这些人到底在想什么。

我将贝吉熊小姐领进屋，趁着她参观之际，我给动物园打了电话。他们希望等到邻居们都睡下的时候再行动。

"你应该能够拖住她！"

"尽量吧！"说着，我挂断了电话。

4

我和贝吉熊小姐一起坐在了餐桌上，她给自己系了一条餐巾，虽然极力克制，但她还是很快就吃完了大部分的鱼。不过，她把每一样都留了几条，想要带走。

我赶紧拖住她："你不用那么着急回去，我们可以坐下聊聊天，我对你还挺好奇的。"

我又撒谎了，贝吉熊小姐望了望我，自觉地坐回到位子上。

"聊什么？我并不太擅长和人类聊天呢！"

"就说说希腊吧，你为什么想去希腊？"我随口问着。

贝吉熊小姐露出了一个笑容，她说她有一个妹妹在希腊。"我去希腊是要看望我的妹妹，然后带她回北极！"

"回北极做什么？"

我脑海中浮现出两个这样胖墩墩的家伙，穿越整个半球的情景。

"不知道。也许就是看看!"

"看看?"

"嗯……说不定我们会在那里定居!"

"哦!"

北极熊的世界我不太明白。

"我妈妈说北极……"

她还有妈妈！话音落下，一支麻醉飞镖从窗口飞进来射中了她的手臂。几个穿着动物园工作服的人闯了进来。贝吉熊小姐吃了疼，吃惊地望着我，我低下头。

"你，你……"

"对不起!"

我一时不知该说什么，贝吉熊小姐却用力拔下飞镖，跌跌撞撞从窗口逃去。

"她要跑了!"我朝捕熊队员们喊了一句。

捕熊队长轻蔑地笑了笑，从包里掏出一只电击棒，我没想到他们会用到这样的东西。

"啊!"电击棒接触到贝吉熊小姐的那一瞬间，她发出了一声尖叫，随即倒在了地上。她胖墩墩的身体颤抖着，看起来特别痛苦。

"用电击枪不大好吧?"

"别担心,他们这种动物,皮糙肉厚着呢,电几下又死不了!"说着,捕熊队长开玩笑般又电了贝吉熊小姐几次,直到她一动不动躺在地板上。

"带走!"

昏死过去的贝吉熊小姐被装进了笼子里。她的眼睛睁着,我总觉得里面蓄满了愤怒和失望。

我望着一片狼藉却空荡荡的房子,心里有一种说不出的感觉。

整理餐桌,贝吉熊小姐的伴手礼还放在原处,打开一看,里面是一张她自己做的贺卡,上面画着三只北极熊。一只大,两只小。贺卡的底下写着一排字:谢谢你的邀请,好心人。

字迹歪歪扭扭,看得出,她圆圆的爪子握着笔很费力。

5

接下来的几天我请了假,没有去上班,没精打采。我想要尽快忘掉这件事,动物园却通知了我们单位。

一只逃窜的北极熊在没有引起恐慌和骚动的情况下由于我的机智和配合,被重新带回了动物园,这一切都是我的功劳。单位领导出乎意料地决定要对我进行表彰,而动物园免费分发了北极馆表演的门票,作为对我们单位的感谢。北极馆里有海豹海狮,还有北极熊。同事们纷纷用一种看着英雄的眼光看着我。

"多危险啊,赛场上混进了一只北极熊!"

"就是就是,多亏了他,现在还有免费的表演可以看!"

我不想去,推脱了几次,可大家都不答应:"作为主角,怎么能缺席呢?要知道,你帮忙捕捉了一只危险的北极熊!"

"其实她并不怎么危险,毕竟她一直都在训练场上,没有伤害过什么人。"我试图替她辩解。

"谁知道呢?说不定她就是想练好了跳高好吃人!"

其他同事纷纷附和。

我没有再说话。

也许是为了让自己好受一些,我去了贝吉熊小姐的宿舍,自从她离开后,再也没有人搬进来过,我想,既然一定要去见她,也许我能为她带一些东西。

宿舍里放着许多女生爱用的小物品。香薰,护肤霜,还有化妆刷。真看不出她这样爱美。我把它们装进了一个袋子里。床铺底下还有一个巨大的行李箱。看起来,足足能装下一个人。

我费了好大力气才拖出来。打开盖子,我惊呆了,里面装着满满的自制鱼罐头。罐头的边上是一本日记。日记里记载着很多关于北极的故事。

"听说希腊财政危机,动物园的开支都削减了,不知妹妹要瘦成什么样子,我得带些零食给她!"她在日记本上歪歪扭扭地写。

我几乎要笑起来。果然是吃货贝吉熊小姐。我将行李小心收好,带出了贝吉熊小姐的宿舍。

我有了一个全新的决定。

6

北极馆里的动物们都被训练成一个样子。翻着跟头,顶着皮球。贝吉熊小姐没有上场,显然,她不是那样听话的姑娘。我略感欣慰,悄悄溜走,在后台的笼子里找到了她。

那个笼子不足五平米,高度只能供贝吉熊小姐勉强站直。为了降温,里面放着一些冰块。这里和北极白雪皑皑的美丽天差地别,难怪她想回去。

"嘿,贝吉熊小姐!"我朝她喊道。

她睁开眼睛,缓缓回过头来,看见我有些惊讶。

"你来做什么?"

我指了指身后那个巨大的行李箱。

"可是,我已经不需要它了!"她低垂下眼帘。

"不,你需要它!"

我打开皮箱,除了鱼罐头,里面还有一套北极熊的卡通行头,以及一张去希腊的机票。

"我要带你离开这里!"

"离开这里?"

"是的!"

在望着贝吉熊小姐的日记的那一刻,我忽然很想知道一望无际的大海和白雪是怎么样的,很想知道一望无际的自由是怎么样的,很想知道久别重逢的亲人的拥抱是什么滋味。

"所以,到时候,请你别忘了告诉我你的感受!"

我把机票递给她,又换上了那套卡通行头,代替她蹲进了笼子里。

我已经想好了一个被北极熊攻击以致昏厥的故事。等人们发现我的时候,我就会把这个故事告诉他们,那时候贝吉熊小姐应该已经见到了她的姐妹。也许我会因此丢了工作,这是我唯一担心的事情,但贝吉熊小姐说,那样也不要紧,我就可以去北极找她。她会带我滑雪,冬泳,并且请我吃她做的鱼罐头。

我想那也是很不错的,我甚至还因此有点儿期望丢掉工作了。

杀兽

在一个遥远的国家里有一只凶猛的野兽，它住在狭长的山谷中。山谷异常险峻，每次只能容得一个人通过。而凶猛的野兽却常常钻出山谷，奸淫掳掠，为非作歹，依傍在山谷旁的居民深受其扰。

为了消除这个祸患，人们自发地举行竞技，凡年满十八岁的公民不论男女都可以参加。竞技选拔出一名最强壮最有智慧的人同野兽决斗。这个人十八般武艺样样俱全。无所不能。

每次人们都抱着必胜的信心，然而每次与野兽决斗的竞技者都没有再回来，好奇而胆大的人前去打探，却连竞技者们的尸骨都没能找到。人们说他们是被野兽吃掉的，野兽的嘴有一个山洞那么大，野兽的爪子有一把宝剑那么锋利。

一年、两年、三年，参加竞技的人越来越少，而野兽的行径却越来越张狂，终于，它向人们提出了进贡的要求：除了粮食、美酒，每年还要一对少男少女。为求平安，隐忍的人们只好答应下来。

每年月圆之夜，所有刚好成年的人都要被集中在一起抽签，抽签抽出一名少年和一名少女，他们将被当作贡品送往野兽的住处。和那些勇士一样，他们被寄予了保护大家平安的希望，他们中的大多数也怀着奉献和牺牲的精神。不过也有例外。比如最新被抽到的那个女孩儿，她率先想到的不是奉献而是逃跑。她不想被野兽的爪子撕碎，不想成为野兽的盘中之物。

真是见鬼，谁想成为野兽的盘中之物呢？

所以，趁着大家不注意，在一个夜里，她逃走了。她逃到了国境边上，随身带的干粮吃光了。到处贴着她的通缉令。

人类是这世上最奇怪的生物，同为弱者，对弱者下手却总是格外有力。

她逃不动了就躺在地上，过往的行人发现了她。

"这不就是逃跑的贡品女孩儿吗?"

"不,不!"她喊着。

可认出她的人却越来越多。

可怜的女孩儿最终又被送回到了野兽居住的村庄。

为了活命,她偷偷给自己弄来了一把匕首。既然不想白白牺牲,也许可以试着搏斗一下。村民们怀着沉痛却又如释重负的心情,将贡品女孩儿送到了山谷。女孩儿把匕首藏在身上,她想好了,野兽将她一口吞下的时候,她就用匕首扎进它的心脏。

野兽的嘴的确有山洞那么大,野兽的爪子的确和宝剑一样锋利。野兽一口吞下了男孩儿,待要吞下女孩儿的时候,她将匕首插进了它的心脏。女孩儿的动作如此迅速,野兽甚至都没感觉到疼痛,就化成一阵风消失在空中。

原来野兽是没有尸骨的。

少女欣喜极了,她想告诉人们这个喜讯,可经过方才的搏斗,腹中有些饥饿,体力有些不支。

山谷里四处盛放着的美酒和佳肴引起了她的注意。

为什么不吃一点儿再走?

她嗅着美酒的味道吃将起来。

这些美酒从全国各地搜罗而来,用最好的粮食,由最有经验的酿酒师酿制。她从没喝过这么香甜的酒，吃过那么鲜美的食物。

她吃啊吃啊，吃饱喝足，很快就睡着了。

在梦里，她露出了甜蜜的笑容，她想，原来做个野兽是这样美的差使！

这样想着，她的身上竟一点一点地长出了野兽的鳞片，手和脚一点一点地变成了野兽的爪子，嘴巴一点一点地长出了野兽的獠牙。

她睡了整整一夜，第二天清晨醒来，已经丝毫认不出自己。镜子里丑陋的形象令她十分恐慌，她丢下美酒佳肴迅速朝山下跑去。

沿途的小鸟们排成两排，森林之王匍匐在她的脚下，原本要走上一天的路，一抬脚就跨过了一半。随便呼喊一声，天地震动。

她不再矮小，不再瘦弱。她问山神水怪自己现在的模样是不是十分可憎，山神水怪一起回答："不，您雄姿英发，貌若天仙，有着无与伦比的气度。"

万物赞美着她，崇拜着她，这样一路走来，等走到山脚下的时候，她已经全无当初的慌张。

来往的村民不知道她是原来的少女，立即跪倒在地迎接她

Write all the best love in fairy tales

的到来,他们恭恭敬敬地垂手奉上礼物和贡品。绫罗绸缎,美酒佳肴。

  少女想说什么,终于又什么都没说,在一片歌颂声中,忽然明白了从前的勇士们都去了哪里。

与一只不爱的龟过一生

1

在一个阳光明媚的日子里,我的母亲趴在沙滩上生产,她顺利地生出了哥哥和姐姐,可生到我的时候,不知从哪儿冒出一只俯冲的飞鸟,飞鸟落在沙滩上发出巨大的声响,我的母亲受到惊吓,肌肉痉挛,不寻常的产道挤压让包裹着我的蛋壳变得狭长畸形。我就这样来到了人间,在畸形的蛋壳里发育成形。当我的哥哥姐姐全都破壳而出的时候,我的手脚还没完全长好,当我的哥哥姐姐在陆地上开始新生活的时候,我正费力地敲击该死的蛋壳。

不寻常的出生状态,让我的腿受了伤害,破壳而出后,我的行动速度比起其他陆龟更加缓慢，在走向丛林的过程中我甚至还遭到了袭击，盘旋在天上的鸟类企图把我吃掉，爬行的蜥蜴对我虎视眈眈，我为此失去了腿部的一小块儿皮肤和背甲上一块儿漂亮的纹路。

"哦！真是糟糕！"我咒骂着。

因为行动迟缓，整个童年时代我都没有吃到过新鲜的嫩叶，果树的甜蜜香味也总是被人捷足先登。我安慰自己，成长都会伴随着烦恼，总有一天，我会变成一只敏捷的陆龟。可随着年龄的增长，这个愿望破灭了，我没有变得更敏捷，反而因为体型的增长而显得更加笨重。

也许你会说，作为一只陆龟，有坚壳利甲的保护，又何必敏捷呢？是的，我也用这种话安慰自己。我是乐观的，并不喜欢怨天尤人，尽量享受着造物主赐予我的生活，直到我爱上了一个女孩儿。

她的背甲有着少女特有的金黄色。她趴在灌木丛边上晒太阳，惬意地闭着眼睛，看见她的第一眼我就着了迷。

2

在此之前我从未追求过其他女孩儿，我的相貌让我有些自卑，不敢贸然行动，在长达一个多月的时间里我只在一旁悄悄地观察她。我知道了她的爱好和品位，知道了她最喜欢吃的水果是树莓，最喜欢做的事是在黄昏的时候看日落。她收集清晨的露水，将花瓣浸泡在里面。她把多余的水果和胡萝卜送给邻居……她善良、优秀，对生活充满了热爱。我敢肯定，除了她自己，没有一只陆龟会比我更了解她。

在一个天气美好的早晨，我决定向她介绍我自己。

我鼓起勇气出现在了她家门口，我替她收集好了露水，还将自己的背甲擦得干净锃亮。

"你好，我，我叫阿布！"我和她打了一个招呼，心中非常忐忑，甚至不敢看她的眼睛。

她端详着我，露出一个大方的微笑。

"你好，我叫小倩！"

"能，能和你做朋友吗？"我结结巴巴地问。

"当然！"她爽快地点头答应。

我心中涌起一阵窃喜，就那么一瞬间，我几乎忘记，我是个背甲难看、行动迟缓的乌龟。我看着她，好像看一个世纪也看不腻。

"你真美！"我不由自主地对她说。

"谢谢！"她羞红了脸。

我们一起收集花瓣，一起去树林里采树莓。

太阳落山的时候，余晖洒在我们的身上，我生平第一次感受到幸福。

我们就这样成为了朋友。

我发现有时候她的眸子会凝结起淡淡的忧伤，有时候她会望着天空发呆，她那样忧郁，但又那样迷人。我们很快成了最亲密无间的伙伴。至少在我看来是这样的。

我沉浸在爱河里，交配期到来，就开始变得蠢蠢欲动。

我不想随随便便对她说出"嫁给我"这样的话，因为她不是我在路边巧遇的姑娘，她是我的爱人，我等待着最好的时机。

树林南边的桑葚就要成熟，我决定用它做我的求婚礼物。

3

那大概是我这辈子走过的最快的速度了。我提前了两天从家中出发，一路上不眠不休不饮不食，只为了能采摘到最新鲜最甜美的桑葚，能用最快的速度回到她的身边。我将桑葚叠放在我的背甲之上，小心翼翼地驮着走在路上。我能想象到小情看见它们的欣喜之情。烈日照得我几乎要脱水，好几次口干舌燥，都想率先尝尝背后桑葚的滋味，但最终还是忍住了。这样美好的食物理应由小倩第一个品尝，对我来说，桑葚或树叶不过都是果腹的东西，又何必暴殄天物呢？实在忍不住的时候，我便拿一串桑葚放在鼻子前嗅一嗅。那甜美的味道更坚定了我不吃它们的决心。

小倩，小倩，小倩。

我在心中呼唤她的名字，它给了我忘掉疲惫、奋力向前的动力。尽管路途艰辛，但我绝不放慢脚步。经过两天的跋涉，第三天清晨，我来到了小倩家门前。

桑葚沾了露水，显得更加饱满透亮。我用露水洗了一把脸，擦拭了一下背甲，尽量让自己看起来很精神。

我深吸一口气，敲小倩的房门。

出乎意料的是，开门的并不是小倩，而是一只漂亮的雄性陆龟。

"小倩，住这儿吗？"

我几乎怀疑自己走错了，直到门里传来小倩的声音。她穿着一件梧桐花睡裙迎出来，整个人看上去容光焕发。

"阿布，我正要找你呢！"她亲密地握着我的手，眼神一如往常。我松下一口气，可不等我说话，她就告诉了我一个让人无法接受的消息。她说她要结婚了，婚礼就定在周末，而她身边那位——

"是我的未婚夫！到时候你一定要来参加我们的婚礼哦！"

她神采奕奕，甚至没有注意到我为她带来的桑葚。

那是我花了四天时间才弄来的东西，我的眼泪在眼眶里打转，若不是强忍着，简直要哭出声音。我怎么能接受一个朝夕相处的我深爱的姑娘要同别人结婚？怎么能接受我实际上对她知之甚少这件事。

天，她居然要结婚了！

我的脑子里一片混乱，嘴巴迟迟发不出声音。

"你不祝福我吗？"小倩打量着我。

"我，祝福你。"我不知道自己怎么说出话来，听起来像是飘在天上，根本不是从我的嘴里发出的。我的耳朵嗡嗡一片，勉强支撑着才不让自己失态。

"阳光这么好，不如我们一块儿去小溪边洗澡晒太阳？"她对我提议。我机械地点点头，好像失去了全部的思考能力。

4

那天，为了迁就我的步行速度，他们花了很长的时间才走到小溪边，有时候走得快了，还不得不三番五次停下来等待我。他们在金灿灿的阳光下就像一对璧人。金黄色的背甲，修长敏捷的四肢。他们看起来般配极了。我怎么努力也追不上他们的脚步，在摔了一跤后，我再也忍不住了。

"就因为我丑陋、迟缓，没有强壮矫健的身躯，我就无法配得上她？就只能自以为是她最好的朋友，实际上却在婚礼最后的时候接到通知？"我对着天空喊出声音，我看起来焦躁、愤怒、不可理喻，小倩愣了一会儿，显然没想到我会这么问，她站在那里看着我，什么也没说，直到我低下头。

一种羞愧的感觉油然而生。

我早已经给出了答案，我丑陋、迟缓，没有强壮矫健的身躯，我根本配不上她。我是爱她，可这世上不止我一个人爱她，何况我都无法和她保持同样的步行速度。难道只是因为我愿意花上来回四天的时间为她摘一筐桑葚她就要选我吗？这样的想法太可笑了！愿意为她摘桑葚的人很多，愿意为她花上四天时间的人也很多，而别人能用同样的时间做出比我更多的事情。

我简直想找一个地缝钻进去！我为自己鲁莽脱口而出的话羞耻万分，我生平头一次感到命运的残酷弄人，头一次体会到心有不甘的强烈情绪。假如造物主使我也长出金黄色的背甲、矫健敏捷的身躯，我定能让她像我喜欢她一样地喜欢我。可惜造物主没有赐予我这些东西，我只是平庸得不值一提。

"对不起！"我小声地道歉，转身离去。

小倩追上来想说什么，我摆了摆手。

待回头望时，他们已经离开。

那之后我搬了家，远离了我熟悉的地方，没有再见过小倩。交配期快结束的时候，我认识了另外一个姑娘，她长得并不漂亮，事实上还有点儿难看。大腹便便，手脚粗壮。我不知道她为什么对我有好感，我似乎也不太感兴趣知道她为什么对我有好感。就像人类一样，到了某个时期，迫于某种压力，总会急急忙忙地走入婚姻。我们在龟司仪的见证下结婚了，婚礼像其他所有人的婚礼一样，穿着礼服站在大家面前，说着"我愿意"的誓言。

"丽丽小姐，你愿意嫁给阿布先生为妻吗？不论贫穷、富贵、健康、疾病！"

"我愿意！"

"阿布先生，你愿意娶丽丽小姐为夫吗？不论贫穷、富贵、健康、疾病！"

"我愿意！"

我们搬到了一起，过着寻常的夫妇生活。

5

我不喜欢我的太太，我甚至都不需要掩饰这一点，在很长一段时间里，我从未觉得我的婚姻生活中有和爱情或幸福有关的东西。

她和小倩是截然不同的女生，没有那种优雅脱俗的气质，对打扮自己也毫不在行。她总是把采摘来的水果储存起来，很少分给邻居朋友。她晒太阳的样子也透着庸碌，我从未欣赏过她，当然，也从未在她面前表露过嫌弃之意。婚姻不是童话，公主和王子才是天生一对，灰姑娘不会成为公主，青蛙也不能变成王子，若不是她不够美丽、聪明，又怎么会选择我做她的丈夫呢？我将我俩都看作天生倒霉的家伙，坦然地接受了这一切，并且将婚姻这事看透了，它没有那么多浪漫主义的色彩，不过是捆绑着身份关系的责任。而我愿意尽我的这份责任，丽丽也是如此，我们分工合作，以最大的可能让对方过得舒适轻便。

因为我行动缓慢，所以由丽丽负责在外面收集果实，打理家庭收支，丽丽在力量和维修上不占优势，所以由我负责马桶、电器、房屋的修葺，搬运她无法搬运的重物。在这样的配合下，结婚后的第一个月我就吃到了我平常从未吃到过的新鲜水果，而她则不用再住在会漏雨的房屋里，不用驮着驮不动的东西艰难前行。我们彼此照顾着，为了使婚姻生活不要太过无趣，也做着所有夫妻都会做的事，聊天、旅行、打牌、下棋，为了一些琐碎的东西，吵架冷战。

每当吵到不可开交时，我就会想起小倩，想象如果我和她一起生活会有什么样的场景。夕阳西下的漫步，小溪里的水仗，分食一块苹果的喜悦。我不能确定我们会发生什么，但我坚信，我会更幸福。我一定会把所有好吃的东西都留给她，而那绝对不是出于责任和谦让的品德，而是出于爱情。在爱情里，人们总会不由自主地想要付出，想要牺牲，想要让对方感到心满意足。

我憧憬着和她一起生活，并且不为此感到内疚。

我坚信丽丽不会介意我的憧憬，我们这样草率地结合，她心里必定也有这样一个男生，他高于我而存在，当婚姻生活冗长无趣的时候跳出来撩拨一番，留下无限的惋惜。

是的，事事不能总是如意，何况我们都不是老天爷眷顾的人。大多数时候想到这我都会冷静下来，率先向丽丽表达歉意。所以，通常情况下，我们连争吵都很少。就像是丛林里最模范的陆龟家庭。

我已经做好了就这样过一辈子的打算。在同一个人身边睡着，在同一个人身边醒来，一闭眼就能看见一百年后的样子。

6

我没想到丽丽会生病。她断断续续地发起烧来，日渐消瘦。我带她去看医生，医生说："她再也不会好起来，你得做好准备。"

"什么样的准备？"

"失去她的准备。"

我其至没有感觉到悲伤。

丽丽说这一切都是缘分。缘起缘灭。

活着没有什么了不起，死一死又有什么关系？

我们就这样平静而又坦然地从医院回到家。

因为身体虚弱，丽丽无法再承担外出采食的工作，这项工作自然而然落到了我的头上。她开始不停地和我唠叨，哪一条路上的水果最鲜美，哪一条是能够让我更快抵达的捷径，哪一条路有猎人出没，哪一条路安全。

我很久没有外出采过食，心中不免忐忑，但我还是得去。我知道，她活不了太长时间，理应得到好的照料，吃到好的食物。

我有点儿走神，这让丽丽十分不悦。

"阿布，你要认真听，以后我不在了，你也要记住！"她皱着眉头。

我赶忙答应。

"早知道以前就多分一些水果给邻居，这样，一旦找不到吃的，他们还能接济我们一些！"她像是自言自语，又像是为从前懊恼着什么。我替她掖好被子，外出采食。我步行速度很慢，得用更多的时间才能到达她每天去的地方，这让我有些烦躁，但是我知道这是责任。她是我的妻子，我得照顾她，我决定找一些她爱吃的食物：溪边的水草、枣树上的酸枣和熟透的芒果。

　　我费了好大的劲才弄来这些,天蒙蒙亮的时候终于得以返程回家。我在路边摘了一小束雏菊,她平时喜欢把它插在花瓶里。

　　我熟知她的口味、爱好,就像她熟知我的一样。这和爱情无关,毕竟我们也已经做了十年夫妻。

　　回到家,我发现她闭着眼睛,喘着粗气,吭哧吭哧的,看起来很难受。

　　"你好些了吗?"我不知道该问什么。

　　她睁开眼睛,点点头又摇摇头,我扶她坐起来吃了芒果和酸枣。她强打起精神,反复地对我说着家里的各项开支、银行卡密码、存款和水电费该怎么交,我机械地点头,总是忍不住走起神来。我想象着没有她的生活,可是好像怎么都想象不出来。对一只陆龟来说,十年似乎不是多长的时间,但对我来说,一个人生活好像已经是很早以前的事情了。丽丽说累了,就躺下来休息。我在她身边坐着,不一会儿也睡着了,做了个奇怪的梦。

　　我梦见家里的屋顶漏雨,丽丽想拿芭蕉叶去补,可怎么也补不好。我冲她挥手叫嚷,叫她别弄了,等我来,可是我却发不出一点儿声音,丽丽从外面拖来泥沙,修补的方法又完全是错的。我心烦意乱,不明白怎么会说不出话,她怎么会看不见我。

出了一身汗,醒过来已经是午夜,丽丽吭哧吭哧的呼吸声没有了。我迷迷糊糊中以为她好转了,伸手过去给她盖被子,这才摸到她的身体冰凉,鼻子里早已没有气息。

她死了!

我望着她的脸,有种不真实的虚幻感。

她死了!

7

我坐在她的身边,一直到清晨的阳光照进窗户。我抱起她的身体,在院子中央挖了一个洞,将她葬在里面。我用木头给她做了一个墓碑,又在碑前放上了昨晚没吃完的水果。

我有些弄不明白这一切是怎么发生的,我坐在她的身边回忆过往。

我想起了我的童年,想起了第一次看见这个世界的样子,还想起了小倩。如果我和小倩生活在一起,小倩死去,我是不是应该会大哭一场?我不知道,我怎么都想象不出小倩穿着紧身衣跳健美操的样子,想不出小倩拉不起裙子的拉链,在镜子前唉声叹气的样子。那是丽丽才会做的事,我笑起来,笑着笑着,心里又开始有一种说不出口的闷闷的感觉。仔细看四周,一切都没有变,又好像一切都变了。如果真有另一个世界的话,丽丽会在那里做些什么呢?我不着边际地思考着,时而疲倦,时而茫然。

太阳升到了天空的正中又落到西边换了月亮上场。我回屋躺在床上,迷迷糊糊睡着了。

夜里觉得凉,蜷缩起身子朝床铺的另一头探过去,却发现那里是空的,我心里猛地抽了一下。坐起身来,叹了口气。这是我经历过的最漫长的夜,天好像永远都不会再亮起来了。

那之后,我又离开了那个地方,就像我从前离开小倩一样。

原来心痛的感觉是真的,我走在路上,仿佛有什么东西一下一下锤击着我的胸口。